脊醫的護脊指南

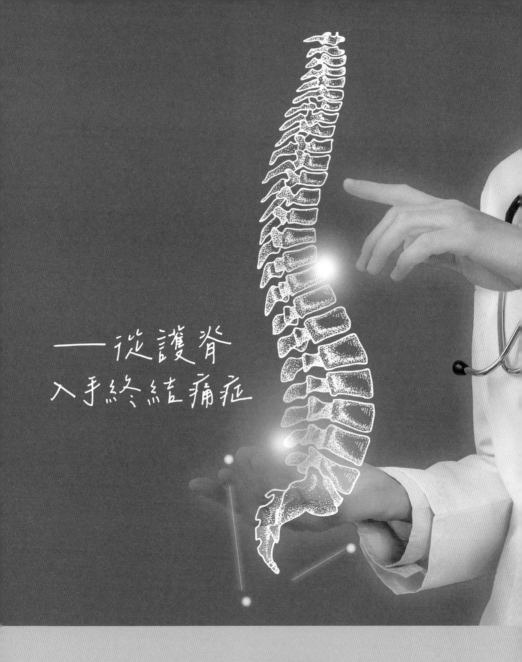

——從護脊
入手終結痛症

香港執業脊醫協會
(C.D.A.H.K.)

目 錄

概述篇

頭部和頸部 •

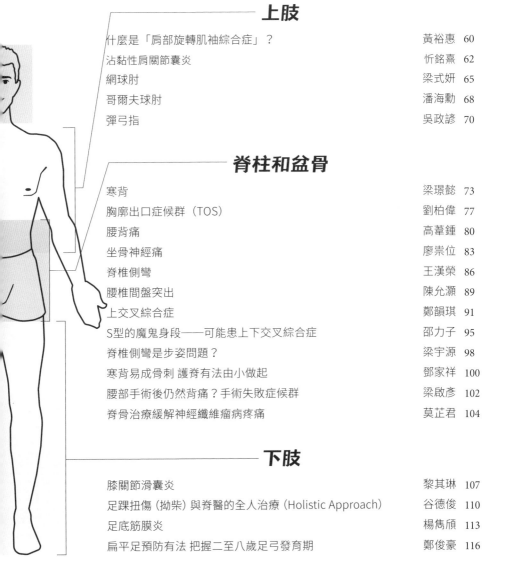

其他

兒童篇

婦女篇

長者篇

主席序

　　隨著亞洲經濟社會的不斷發展進步，人們對生活質量和健康生活的追求也將提高到一個新的水平。本會一直有賴一群義務工作的脊醫走遍香港各界，服務群眾，帶領我們居住的地方成為一個愛護脊城市。近八年來，香港義務脊醫一共榮獲世衛附屬的世界脊骨神經醫學聯會頒發了 16 個獎項，也是國際脊醫得到最多獎項的地區。脊骨神經醫學作為現代醫學的重要一員，除了可以有效減輕疾病帶來的痛症 (1)，更可提高患者的生活素質 (2) 和加速回歸社會的工作能力 (3)，幫助患者及其家庭擁有美好生活目標。

　　在上一期的《脊醫才會知的祕密》中，我曾經分享過社會學家的 18% 是一個「引爆點」理論。即若群體中有 18% 的人支持一個理念，這個理念就會變成一個無法阻擋的社會理念。經過了六年，今天無論在街道、地鐵、和許多社交媒體都會見到脊骨神經的健康推廣。枕頭、床墊、書包、甚至許多的身體檢查和痛症中心都支持脊骨神經醫學帶來真正健康的理念，願意為護脊出一分力。護脊已如同每天刷牙護齒一樣變得不可或缺的平常。脊骨神經科醫生亦可在治癒痛症的同時，致力推動健康矯正、保固、預防和保健 (4)。

　　雖然香港脊骨神經醫學起步較晚，但依靠科學和醫學的巨大發展，脊醫在過去的十年裡取得了驚人的成長，脊醫理論和創新不斷湧現。我們過去帶領多間本地和國際大學發表高影響力和權威性的科學論文。在 50 多篇的主編研究中，35% 的臨床研究在權威評分的所有研究影響力排名前 10%。我也榮獲脊醫期刊列表的業界十大脊醫研究作者。脊骨健康是美好生活的基礎。新的醫療方式都是為

了讓我們得到更好的脊科技術而發明的，隨著經濟的發展和市民對健康的日益重視，脊科醫療的發展必將迎來一個機遇期。

隨著亞洲人口老齡化速度增加，政府對康復醫療分擔醫院工作更加依賴 (5)。脊骨神經科作為西方醫學在西方社會的第二大醫療體系，其普及程度僅次於普通科西醫。在香港及亞洲等地區，更是一項重要的民生工程。脊骨神經科近年在專業技術研究及社會健康教育方面的發展亦越趨成熟，對於實現全民健康具有重要意義。協會多次對醫療發展現狀舉措、脊醫人才培養、診療流程面臨的挑戰、以及未來發展趨勢時常進行了深度的分析，並提出了解決問題的初步建議。我們希望能夠為業界與市場提供有價值的信息和有益的借鑒，與各方醫療團隊攜手並進，共促行業發展。

都市人生活繁忙，工作壓力大，工作時間長，使用電子產品的時間就更長，只要你稍為留意，你會發現身邊有不少低頭族親朋好友。電子時代的全面來臨令脊骨關節提早退化是不爭的事實 (6)。我們脊醫不希望見到「全民退化」，除了每天為患者診治痛症 (7)、紓緩痛楚的工作外，我們脊醫更相信有盡早讓大家了解預防脊骨病症的迫切需要。人的身體構造其實很容易磨損！跟著醫學科技進步，很多脊柱病症已不是脊醫的對手，人類可以不斷健康的延長壽命。

假若有天你剛巧碰到脊醫義工為社區人士進行義診時，我希望你來為我們打打氣，這將會是更有意義的推動力。在過去的五年，我們透過專業優化醫療政策、脊醫病假紙立法和提升專業守則、結合研發創意推動脊骨健康、協助籌辦世衛組織傳統醫學大會、和成立中國脊科研究中心來推動專業發展、開創脊骨神經醫學入學研討會、撰寫開辦脊醫學院指南、推動中美合作、建立清華部門推動業界培訓等，正是為了在中港以至世界各地建立脊醫專業地位。

本書名為《脊醫的護脊指南——從護脊入手終結痛症》，共輯錄了 48 位香港執業脊醫對各種常見關節病症的案例分享，希望透過本書，讓更多人認識真正的脊骨健康，若你有機會接觸此書，請閱後分享給你身邊的人，他們可能正被痛症困擾著。本書得以順利完成，誠意感謝本會的公共關係委員楊雋頎脊醫參與全書的編輯設計統籌工作，同時也要感謝為本書撰寫文章的每位香港執業脊醫同伴，最後要感謝本會委員劉柏偉脊醫及朱珏欣脊醫為本書進行推廣工作。

誠心祝願你們每一位擁有真正的健康快樂。

朱君璞

脊骨神經科醫生

香港執業脊醫協會主席

參考文獻：

1. Chu, Eric Chun-Pu. "Preventing the progression of text neck in a young man: A case report." Radiology case reports vol. 17,3 978-982. 18 Jan. 2022, doi:10.1016/j.radcr.2021.12.053

2. Chu, Eric Chun-Pu. "Improvement of quality of life by conservative management of thoracic scoliosis at 172°: a case report." Journal of medicine and life vol. 15,1 (2022): 144-148. doi:10.25122/jml-2021-0332

3. Chu, Eric Chun Pu, and Arnold Yu Lok Wong. "Change in Pelvic Incidence Associated With Sacroiliac Joint Dysfunction: A Case Report." Journal of medical cases vol. 13,1 (2022): 31-35. doi:10.14740/jmc3816

4. Chu EC, Yau K, Ho V, Yun S. The scalable approach to the Chiropractic patient journey. Asia Pacific Chiropractic Journal. 2022 February; 2(5):2-8. Url: http://apcj.net/papers-issue-2-5/#ChuPatientJourney.

5. Chu E. Smart Rehabilitation Clinic. Journal of Contemporary Chiropractic. 2022; 5(1):7-12. doi: https://journal.parker.edu/index.php/jcc/article/view/182.

6. Chu, Eric Chun-Pu, and Arnold Yu-Lok Wong. "Cervicogenic Dizziness in an 11-Year-Old Girl: A Case Report." Adolescent health, medicine and therapeutics vol. 12 111-116. 26 Nov. 2021, doi:10.2147/AHMT.S341069

7. Chu, Eric Chun-Pu et al. "Isolated Neck Extensor Myopathy Associated With Cervical Spondylosis: A Case Report and Brief Review." Clinical medicine insights. Arthritis and musculoskeletal disorders vol. 13 1179544120977844. 2 Dec. 2020, doi:10.1177/1179544120977844

主編序

　　身為一位脊醫，我們經常耳提面命提醒患者：「不要忍」；然而香港人堅毅的性格，總是習慣性不斷挑戰自我在疼痛耐受上的極限。時常在診間，我們就像在聽著患者告解傾吐的角色——「工作過於勞累」、「家庭負擔沉重」、「責任的承啟難以下放」……種種的原因。患者們一步步陳述著病灶病況，我們則一步步抽絲剝繭，在診查的過程中，以脊醫的專業，扮起讓患者和身體病痛和解的橋樑。

　　香港的地狹人稠、工作和生活的分秒必爭、庸碌繁忙外，我們的日常生活充斥著許多的原因，間接或直接造成現代人在使用脊骨的姿勢、習慣不正確，同時，缺乏適度、固定的舒展和運動等等，都可能是讓身體產生病痛、使脊骨受傷的原因。

　　因著本地公營醫療機構未提供脊科的治療服務，另一面，也由於政府對於本科的協助推廣尚待完善，以致社會大眾在出現脊科治療需求時，相較於其他疾病症狀，普遍缺乏相關的理解和認知。

　　作為本地最具規模的脊醫團體，香港執業脊醫協會成立多年以來，一直肩負著「脊科健康推廣」及「脊醫服務普及化」的使命感。近年來在文明病的增多、就醫需求的提高下，社會大眾亦逐漸關注起脊科健康的相關知識。本會轄下特設的教育委員會，除長期致力於本地執業脊醫科，提供醫療人員進修教育外，也甚願將脊科治療的專業，推及至一般社會大眾，使民眾在面對脊科問題時，有更正確的處理和應對方式。

秉持著脊骨健康的教育宣導及其闢謠、導正，本書《脊醫的護脊指南——從護脊入手終結痛症》歷時兩年，自構思、策劃至邀稿、彙整，在執行委員會和眾會員們的義務協助下以集大成，來自 48 位脊骨神經科醫師的專業，其內容通達並佐以生活化的事例，深入淺出：

「牽一髮而動全身的脊椎，如何關乎影響人體的運作？」

「不可輕忽的脊椎側彎」、

「翹腳是輕鬆優雅，還是脊椎的負擔？」、

「疫情後帶來的相關痛症問題」、

「藏在科技、3C 便利後的脊骨傷害」、

「運動引發的疼痛治療」等等……

這是一本甫自嬰幼兒少、中壯時期至耆老尊長都適用的書籍，囊括各種人體脊骨神經的基本知識。在進入診間求診前，幫助市民朋友更精準明白身體的回饋及反應；期盼藉由書中正確的講述引導，使讀者們在日常中能具備脊科相關的知識。

楊雋頎

脊骨神經科醫生

香港執業脊醫協會公共關係委員

香港執業脊醫協會
(C.D.A.H.K.) 的起源

脊醫起源於 1895 年的美國。在香港，1954 年二次世界大戰之前已經有脊醫提供服務。繼後的 50 年間，脊醫服務的發展在香港是十分之緩慢。直到 1996 年，香港只有大約 30 位執業脊醫為香港市民提供服務。相對當時 600 多萬的香港人口，實在非常之不合比例。

於 1999 年中，鑑於原有的脊醫學會對脊醫服務在香港的推廣步伐太過緩慢（尤其是欠缺了對新回港執業脊醫的支援），加上香港的《脊醫註冊條例》主體 428 雖然於 1993 年已經獲得立法通過，但基於一些法律上次要的程序而遲遲未能完全執行，一直拖延直到 1999 年，脊醫在香港正式的註冊仍然無法實施。終於陳允灝脊醫及梁濟康脊醫一同決定需要組織一個全新的脊醫團體，針對以上兩個大問題尋找有效的解決方案。

香港執業脊醫協會終於以社團形式於 1999 年 11 月成立。2000 年 5 月會員人數擴展到六位，在會員人數日益增加及預計未來的發展，協會決定重新改組為以非謀利的有限公司形式存在。並且在選舉中由梁濟康脊醫擔任首位會長及陳允灝脊醫擔任首位主席。

協會發展至 2002 年 4 月，會員人數再增至 19 位，超過三成當時在香港執業的脊醫都成為本會會員。由於香港執業脊醫協會的方針正確，推行的方案有實質的成效，獲得香港執業脊醫認同，不斷有執業脊醫加入成為會員。2006 年底前會員人數已達到 39 位，成為全港最多執業脊醫會員的最大脊醫協會。情況一直維持至今，會員人數亦不斷增加。

2010 年，香港脊醫管理局正式給予香港執業脊醫協會持續進修課程提供者的資格，並維持至今。2011 年協會更積極與世界各國脊醫業協會及脊醫學院聯絡及爭取聯繫。

事實上在 2006 年，當協會的人數已達到全港最大脊醫團體時，我們就開始向世界衛生組織（World Health Organization, WHO）屬下的世界脊醫聯盟（World Federation of Chiropractic, WFC）申請成為香港區的其中一個會員，原因是協會作為香港最大的脊醫團體有責任代表香港和外國的脊醫機構／組織聯絡和交流。但我們的申請屢次遭到拒絕，原因是原有的脊醫學會不願意妥協讓位，而WFC 則以協會的會員人數並未達到一個壓倒性的大多數為理由拒絕。直至 2011 年，當時香港執業脊醫協會的會員人數已達到 70 人，對比起原有學會的 40 名會員，數字上明顯地達到一個壓倒性的情況，所以在 2011 年初協會又再次向 WFC 申請成為會員。WFC 意識到由於人數上的差距，已無理據拒絕香港執業脊醫協會的入會申請。所以決定將 2012 年的年度會議由台灣改為在香港舉行，並借這次機會跟香港兩個脊醫團體協商入會的安排。最終在 2012 年的 6月香港執業脊醫協會正式成為 WFC 香港區其中一名代表。

成功帶領脊醫協會成為全港最大脊醫團體以及成為 WFC 會員之後，梁濟康脊醫和陳允灝脊醫分別於 2012 年及 2014 年卸任會長和主席的位置。2014 年 4 月，朱君璞脊醫獲選為協會主席，代表著協會悉心培訓的第二梯隊成功完成接棒。

梁濟康 脊醫 香港執業脊醫協會創會會長
陳允灝 脊醫 香港執業脊醫協會創會主席

香港執業脊醫協會
（C.D.A.H.K.）簡介

香港執業脊醫協會創立於 2000 年 1 月，旨在香港推廣脊骨神經科服務。時至今日，香港執業脊醫協會已經發展成為全香港最大的脊醫業專業團體。絕大多數的會員，都是全職在香港執業的脊醫，為大眾提供專業脊醫醫療服務。

自成立至今，本會積極地參與各項有關脊醫業及公眾健康的活動和事務。多年來獲得業界的支持及認同，香港執業脊醫協會在香港才能夠成為有史以來成長最快，會員人數增長最多的脊醫業專業團體。

脊骨神經科學療法的理念是，主要透過脊醫獨有的脊骨矯正法，幫助脊骨、中樞神經系統及身體自然康復。脊骨神經科學療法以回復及保持神經和關節功能的原理來幫助病人回復健康，最終令病者脫離痛楚，重投健康美滿的人生。

加入香港執業脊醫協會的會員權益，就是成為全港最大脊醫業專業團體的一份子。會籍已包括醫療專業責任保險，讓會員獲得全面的專業責任保障。本會的醫療專業責任保險累積保額為全港所有脊醫業專業團體最高。香港執業脊醫協會為香港脊醫管理局認可提供持續專業發展（CPD）的專業團體，本會並經常津貼其會員參與由本會主辦的進修課程。

本會致力於促進及提高脊骨保健意識，通過社區健康講座及公眾演講，提高大眾對脊骨健康的認知、鼓勵市民進行定期檢查，並實踐健康生活去減少脊骨錯位的機會。我們歡迎各會員參加由本會安排的各社區活動，為推動脊骨保健出一分力。

會員有權把聯絡資料在協會官方網站的會員目錄上列出，以方便公眾查閱。

本會致力保障市民的健康，規限會員遵循嚴格的專業操守，務求市民可對每位香港執業脊醫協會的脊醫有一定的信心。

會員可享用協會官方網站中專為會員而設的論壇，方便隨時獲得最新資訊，搜索或張貼信息。

本會定期舉辦不同類型的聯誼活動，以增進各會員互相交流的機會，並增加會員對協會的歸屬感。

本會與高質健康用品品牌商保持良好的合作關係。

本會亦不時設有獎學金，供會員舉薦有潛質及有志成為脊醫的人士申請。

- 網址：http://www.cda.org.hk/
- 電郵：info@cda.org.hk
- 電話：8108-5688
- 地址：GPO Box 2188 Hong Kong

脊醫在香港執業是否需要註冊？

　　脊醫的醫療方法在 1895 年始創於美國，至今已經有 127 年歷史，並自此在美國各州及世界多個國家及地方發展起來。現今大部分西方國家以及一些亞洲國家，例如歐洲、英國、美國、加拿大、澳洲、日本及菲律賓等，都設立有訓練符合國際認可的脊醫學院，以培育專業的脊醫人才。

　　早於 19 世紀 30 年代，其實香港已經有脊醫在執業，但為數極少，病人大多數是在香港工作和生活的外籍人士。而執業脊醫人數由 30 年代至 90 年代間，一直都增長得十分緩慢，最高峰的時候，都沒有超過 30 位脊醫在執業。雖然如此，於 90 年代，脊醫的療法卻已經開始漸漸受到香港的病患者及社會所認同。

　　其實在國外，脊醫是第一線醫療人員。而作為第一線醫療人員，脊醫是需要對每一個到診的病人作出診症和斷症，然後進行治療。若是遇到的病症不在脊醫診療範疇以內的，主診的脊醫，會把病人轉介給其他科目的醫生。

　　由於脊醫於 90 年代在香港漸趨普及，當時有意見認為，脊醫使用醫生這個稱呼跟病人或公眾溝通，會誤導病人或公眾認為脊醫是註冊西醫。其實在香港，除了西醫之外還有牙醫、脊醫和獸醫等從業人員，一直都是使用醫生這個稱謂跟病人或公眾溝通。好肯定，公眾人士是不會把牙醫或獸醫錯誤地當作為註冊西醫吧！而病人或公眾人士，亦同樣地會理解到脊醫並非註冊西醫。

當時社會上也有意見認為脊醫在香港執業，應該受到法例監管，並由當時的醫務衞生署管轄。脊醫業界對此亦表示十分認同，認為可較有效避免將來產生不必要的醫療亂象。而且在法律地位被確認的條件下，脊醫將可以更有效地推廣他們所採用的獨特診治模式；減低患者在醫療服務上的開支；令病患者獲得多一個安全可靠的診治模式的選擇。

經過當時的立法會辯論後，《脊醫註冊條例》終於在 1993 年 2 月獲得三讀順利通過，正式成為香港法例。而香港亦成為亞洲第一個有脊醫法例管轄的地方。

至於「註冊脊醫」（Registered Chiropractor）這一個名詞，亦同時受到香港法例第 428 章所監管。所有從事脊醫醫療的醫生，都要在香港的脊醫管理局（Chiropractors Council），根據香港法例第 428 章註冊成功後，方可以使用「註冊脊醫」這個稱謂。至於「脊醫的」（Chiropractic），「脊醫」（Chiropractor）等詞匯亦同樣受到法律上的管制。在香港，亦有脊醫會使用「脊骨神經科醫生」這個詞匯來代替「脊醫」，而這個做法亦得到脊醫管理局認可。

自從 1993 年，香港政府在《脊醫註冊條例》獲得通過後，隨即委派醫務衞生署協助組成脊醫管理局，用了八年時間，修訂及確立註冊脊醫的專業守則及註冊法例與附例，直到 2001 年 7 月 11 日法例正式完全確立。時任衞生福利局局長楊永強公佈希望此註冊程序於 2001 年 9 月 1 日正式實行。最後在 2003 年 2 月《脊醫註冊法例》正式在香港得到全面實施。

現時，從外地返港的脊醫或任何從事相關醫療人員，若沒有在香港註冊成為註冊脊醫而執行脊醫的工作，就屬於非法行為。

　　直到今天為止，在香港註冊的脊醫只得約 290 名，全都是海外畢業，並大多數擁有國外的註冊專業資格。相對於 700 多萬的香港人口，只有少於 300 位執業脊醫在香港提供服務，是絕對不能滿足需求的！

　　梁濟康 脊醫 香港執業脊醫協會創會會長

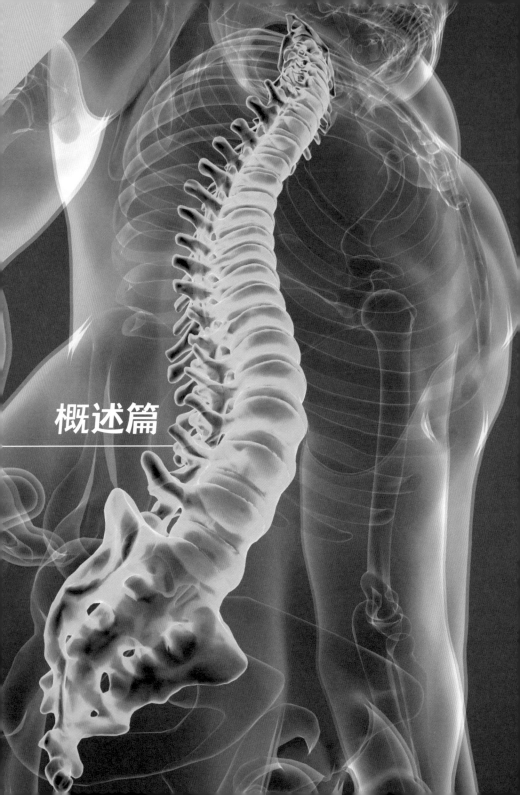

概述篇

Dr. David Bellin
脊骨神經科醫生
美國生命大學脊骨神經科醫學博士
曾任清華大學 - 生命大學脊科研究中心主任
香港註冊脊醫

脊骨神經醫學

脊骨神經醫學的歷史

脊骨神經醫學故事

　　1895 年 9 月 18 日丹尼爾‧大衛‧帕默爾醫生在美國愛荷華州達文波特市發現了脊骨神經醫學。他第一次脊骨神經矯正治療是給一個叫哈維‧利拉德、一個耳朵失聰患者的頸椎第二節進行治療，在三次治療之後，他的聽力恢復了。帕默爾醫生認為這個問題是由於椎體錯位對神經干擾所引起的。這也是歷史上第一次有通過棘突和橫突作為槓桿來解除神經干擾的紀錄。自此，脊骨神經醫學誕生了。

　　起初，帕默爾醫生認為他發現了治療耳聾的方法，但是他錯了。幾天之後，有人聽說了哈維‧利拉德的驚人治療效果，希望帕默爾醫生也能治療他的心臟問題。幾次治療之後，他的心臟問題也確實消失了。帕默爾醫生當時認為他發現了治療心臟的方法，但是他又錯了。通過多年研究後，我們現在知道那些患者能夠獲得效果的真正原因了！脊骨神經醫學已經在全世界幫助過數以百萬的患者，而當中只診斷並治療一個狀況：椎體微錯位。

DD・帕默爾的核心理論

1910年

造成疾病的根源是

創傷　　毒素　　自我暗示

三大神醫：

飲食為醫　安靜為醫　快樂為醫

-Dr DD Palmer DD・帕默爾

1927年

脊骨神經醫學是一門關於理念、科學及藝術項目綜合的自然療法；是僅僅利用手對脊柱部分的系統矯正，來解決由於「身體的不通暢」而引起的問題。

-BJ・帕默爾

現代的定義

脊骨神經醫學是一種利用身體固有的自我恢復能力和處理脊骨與神經系統關係的一種科學和藝術，以達致恢復及維持健康。

脊骨神經醫學是什麼？

椎體微錯位

椎體微錯位是脊柱椎體失去了與上下相連椎體的合理位置，引起對神經的卡壓並對神經信號傳導的干擾。

脊骨微錯位

為什麼會發生椎體微錯位？

壓力是無孔不入的。壓力，或不能適應壓力，則是造成人類功能障礙的根源。物理性、化學性、精神性以及情緒性的壓力都會影響我們。事實上，當這些壓力相互疊加超過我們所能承受的閾值時，也就是我們的生理會開始產生功能障礙的時候。這個過程讓我們身體從健康到亞健康再到疾病，從健康機理到生存模式；其實，功能紊亂和疾病是身體對壓力適應的完美呈現。這些都會導致亞健康症狀以及最終引起疾病。

主要治療手段

脊骨神經矯正治療

脊骨神經醫學是利用震盪力量，在正確的位置和時機來幫助身體將錯位的脊椎恢復到原來位置上，以減少神經干擾，恢復神經傳輸信號，幫助身體恢復通暢，達到和諧的狀態，這樣不僅能減輕疼痛與折磨，還能提高健康以及活力。

次要治療手段

潛意識治療

潛意識治療可以幫助去除記憶裡的負面聯繫，以此來平衡你的植物神經系統並達到你的健康潛能。

神經系統的兩大分支

- 第一部分是中樞神經（大腦與脊髓），他們掌控著我們的自發和外界物理反應，這些也是在我們的意識控制之下。那是我們思考、計劃和做決定的地方，也是我們的意識過程。
- 另一個部分是植物神經系統。這個部分是潛意識在控制我們的身體，這個部分控制並調節你的內在生理環境。

接受脊骨神經診療的益處是多不勝數的，因為：神經系統掌控器官、腺體和肌肉，幫助身體適應其環境，脊骨神經診療能夠直接和間接影響生理，脊骨神經醫學能夠解除疼痛和折磨，更重要的是能夠提高健康和生機！

脊骨神經醫學不止是對疼痛的處理。

邵力子
脊骨神經科醫生
美國派克大學脊科醫學博士
美國西密西根大學體育碩士
國立台灣師範大學體育學士
香港註冊脊醫

神經系統　主宰生命

　　神經系統為人體各大系統中最為重要，其主宰各系統之功能。在生命萌芽中，神經細胞會在胚胎中最先發展，中樞神經首先出現，並向周邊延伸，支配身體各器官之運作，可見其對生命之重要。眾所周知，大腦是身體之總控制所在，透過脊髓將訊息由上而下傳送，再經周邊神經系統，包括 12 對腦神經及 31 對脊椎神經，從內至外延至全身，使人體功能正常發揮。因此，只有神經系統暢通無阻，體內五臟六腑才能正常運作，人體基本健康才得到保障。

　　在周邊神經系統中，又可再分為三大類，運動神經、感覺神經及自主神經。運動神經主要支配身體各肌肉，產生動作，若受干擾會令肌肉無法正常運作，如肩膊不能抬高，走路時腳掌不能提起，長期受壓更會導致肌肉萎縮現象。而感覺神經則主宰身體感覺之接收及傳遞，若受壓會引致疼痛、麻痺、冷凍感，甚至無知覺現象。我們常見之坐骨神經痛患者，經常有相似症狀，初期只會感到酸痛及麻痺，隨後肌肉開始萎縮，行動也逐漸感到困擾，需使用枴杖或輔行架，嚴重者如未能得到合適的治療，可能需要使用輪椅代步，生活大受影響。而最後之自主神經則主要支配身體內各器官的正常運作，如心跳、血壓、呼吸、消化、排泄及免疫等功能。這正好解釋為何頸椎中樞神經因意外而導致損傷，可能會導致頸部以下身體

失去正常功能，如手腳無法活動及大小便失禁等。又例如中風意外後，患者可能會造成半身或全身癱瘓，腦功能失調、疲勞困倦、無法言語及吞嚥困難等。因此神經系統與個人行為及健康是息息相關，不能忽視。

人體神經系統運作有如高速公路之設計，主幹道為中樞神經系統之脊髓，而公路之分支出口相等於脊椎之間所延伸的脊椎神經，公路上每天穿梭著載滿食物之貨車從市區到小村落，公路發揮了運輸幹道之任務，社會生活有序。但突然當分支出口因意外或日久失修而令出口發生障礙，貨車無法順利通過，新鮮食物未能及時送達，人民就會開始有投訴，埋怨聲不絕。此時最佳處理方法是要找出阻塞原因，盡快加以處理，令出口暢通無阻。並不是想辦法阻止村民投訴，禁其發聲，有如鴕鳥政策。

人體神經系統一旦出現類似情況，應即時尋求脊醫協助，找出脊椎錯位之位置，加以矯正，神經受壓之問題即可迎刃而解，重回健康人生之道，只有積極面對問題之源頭並加以適當處理，即可達至治標治本之效果，這正是脊骨神經科醫學之理念。

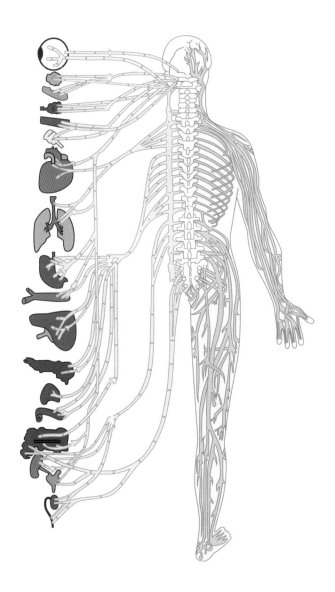

劉柏偉
脊骨神經科醫生
美國彭瑪脊科醫學院醫學博士
香港註冊脊醫

交感神經　器官系統之開關掣

　　脊柱是人體骨骼的最重要部分之一。人的脊柱是保持身體直立，且允許人類作出大部分靈活動作的一個不可或缺的組成部分。脊柱成 S 型曲線，使得人體能夠保持站立／坐姿時的平衡，並可以向不同方向移動。此外，S 型的狀態讓脊柱能夠吸收日常人體運動時的壓力，應對身體不同狀態，並且當人體站立或坐著的時候，牽引整個身體抵抗地心引力。

　　脊柱包圍並保護著椎管，椎管中有脊髓。脊柱保護著脊髓骨，這是人體解剖學中最強的部分。肋骨保護著你的胸腔並與脊椎連接，此外，脊椎還作用於肌肉附著點。這還僅僅是脊柱重要性的幾個原因之一，它不僅僅關係到身體健康，還關係到人的生命。

　　中樞神經系統的功能在於將信號從一個細胞傳遞給另一個細胞，從身體的一個部分傳遞給身體另外一個部分，同時接收資訊回饋。中樞神經主要有三種作用：1、傳遞運動信號，這讓我們的四肢能夠活動；2、傳遞感知資訊，如味覺、視覺和相反方向上的觸覺等等；3、作為我們身體的反射中樞，如無意識的動作和畏縮反應等。如果神經系統出了問題，會有很多可能的後果。遺傳缺陷、外傷、中毒、感染或僅僅由於年齡的因素，引起神經系統出問題。

脊髓損傷可能導致許多不同的問題，常見的問題有肌肉拉傷或扭傷、神經刺激和信號傳遞過程中出現延遲或改變等等。比如我們自願或非自願的運動功能和感知資訊能力等。

人體脊柱分成一段段的稱為椎骨。這些骨骼是由柔軟的椎間盤分開。椎骨之間的縫隙開口稱為椎間孔，建立椎骨上下關鍵的運動銜接關係。椎間孔伸展出的神經控制許多身體功能。有些神經功能是無意識的。這些神經是神經解剖系統的一部分。

在人體的自主神經系統中，有兩處神經系統的分叉神經：1、交感神經系統（胸神經系統）和2、副交感神經系統（或顱神經系統）。

交感神經系統為壓力、對抗性反應、憤怒和恐懼等情緒準備，向身體發出信號作出相應的部位活動。利用它的能量，可以改變人體的機能。我們可以看到它對身體的影響：1、增加心率、心排血量和動脈血壓；2、抑制胃腸活動；3、擴張支氣管；4、放鬆睫狀肌遠視力；5、增加汗腺分泌，6、增加腎上腺素分泌。這些變化使得我們更方便從事較大運動量的活動，看得更好，對感知到的威脅作出反應。如果你曾經親歷過車禍這樣可怕的情形，就能感覺到這樣的變化。

脊柱的一個主要功能就是保住這些重要的神經。椎骨是可移動的，因為各種因素的影響，如韌帶緊張、肌肉痙攣、外傷、不良姿勢或重複微創會導致椎骨移位（半脫位椎骨）。所有這些都會對神經功能產生不利影響，造成關節活動水準下降。

脊科治療主要是調整及對齊這些（半脫）椎骨，消除可能干擾神經的因素。有研究表明，椎骨按摩調節對自主神經系統會產生影響。脊科治療有助於恢復交感神經系統的正常功能，當身體遇到過大的壓力時，讓身體變得超常活躍。

　　交感神經系統遇到問題時會導致心跳加快、抑制胃腸活動、增加汗腺分泌及增加內啡肽的釋放等等。交感神經系統的過度刺激會降低人體的免疫功能；它的資源用來抵禦更直接的物理威脅而非直接抵禦病原體感染。這也許可以解釋為什麼很多脊醫和患者發現：通過脊科治療後，很多感冒和流感這樣的疾病也少了很多。

阮琛雅
脊骨神經科醫生
澳洲麥覺理大學脊骨神經科醫學學士及碩士
香港註冊脊醫

每月一次脊骨矯正
減少頸椎退化病

　　英女王伊莉莎白二世辭世，被報導曾經確診新冠肺炎而使體力大不如前，外界也相當關注新接任的國王查爾斯三世，已屆高齡73歲的他，在皇儲及媒體場合亮相時，被發現「一雙香腸手」和寒背，這多半和退化性關節炎有關。根據《醫學案例雜誌》2022年7月的研究表示，一位44歲女性在2008年因復發的頸部疼痛、麻木和刺痛而尋求脊骨神經科治療。在一天結束的時候她經常感到肩部僵硬。困擾了她一年，她覺得與工作場所的壓力、不良的人體工程學及不正確的睡眠姿勢有關。短時間的休息可以令她得到短期的緩解。在脊骨神經科就診前12個月，她就診於骨科門診。之前的磁共振成像顯示為陰性結果。她被診斷為退化性脊柱滑脫症。她接受了頸椎軸向牽引、運動療法和止痛藥的治療。然而，這些治療並不能有效地治癒疾病。因此，她尋求脊骨神經科治療她的頸部疼痛和神經系統症狀。

　　退化性脊柱滑脫症是現代生活中新出現的過度使用損傷，像是「短信頸綜合症」，明顯增加了頸椎滑脫症的發病率。在智能手機用戶和辦公室工作人員中明顯增加了頸椎病的發病率。退行性頸椎病最常見於C3/4和C4/5，46%的患者發生在C3/4和49.4%的患

者發生在 C4/5。傾向於頸椎中段的脊柱滑脫症可能是由頸部的相對高活動性和活動模式造成的。患者一般會有一個保護性的頸部姿勢，以減輕受影響組織的壓力。如果不穩定的發展速度超過恢復的速度，脊柱滑脫症在這個早期階段可能會在 X 光片上看到。

退化性關節炎臨床症狀：

- 關節疼痛或腫脹，尤其是過度活動時或上下樓梯、從久坐站起來時會更痛。
- 早上起來時會覺得關節僵硬，活動一段時間後疼痛或僵硬感會減少，晚上時疼痛會加重。
- X光檢查：骨關節炎的特徵包括關節面狹窄、變形、骨刺形成、軟骨下方硬化及退化性囊腫形成。

脊骨手法治療對退行性頸椎病患者是安全和有益的。高速度、低振幅的技術在受限的關節上採用快速推力，以恢復關節的正常運動範圍。長期的矯正可積累不同的效果，包括症狀的解決和後遺症的消退，以及脊柱完全矯正的弧形。

患者應每月接受一次定期矯正。定期矯正可以被看作是一種預防性的治療。除了可以解決初次治療後的復發性或偶發的疼痛和肌肉骨骼的不穩定性，預防進一步的反覆發病和相關後遺症同樣重要。定期矯正策略只需要稍稍增加脊骨神經科的就診次數。定期矯正應被視為長期性或頑固性脊柱疼痛患者的輔助治療方案。所以，英國女王伊莉莎白二世脊椎保持得好，定期脊骨矯正功不可沒。

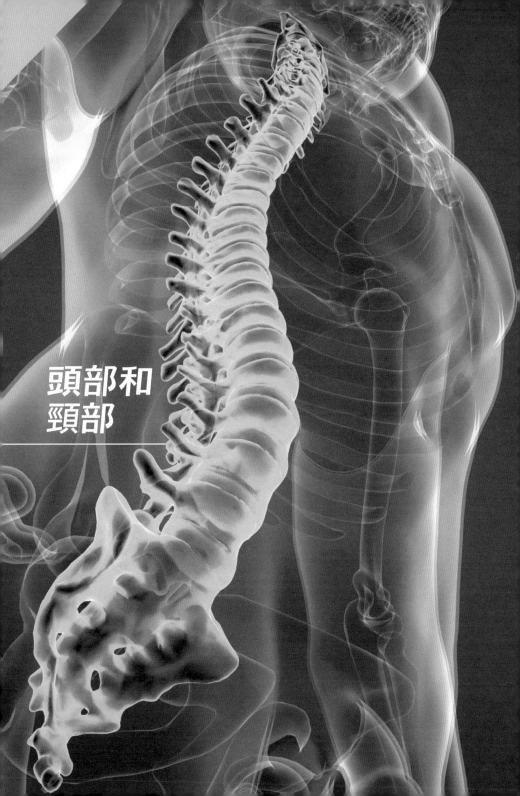

頭部和
頸部

朱珏欣
脊骨神經科醫生
英國脊骨神經科學院碩士
香港註冊脊醫

頸椎性頭痛

香港人生活節奏快，壓力大，有調查顯示逾九成港人感到有壓力，香港壓力更於全球排行首五名。相信大家時不時聽到身邊人經常「呻」頭痛，而幾乎每個人都曾經歷過這難受的時刻，但你又清楚有可能引致頭痛的成因嗎？

隨著電腦普及化，香港男女老幼都用電腦，常用電腦易令頸椎移位，出現頸椎性頭痛，從事金融業、電腦業或文職人員都是高危一族。港人頸椎退化已由過往 40 歲提前至 27 歲。近年（疫情前）不少「OL」因肩頸痛組團北上按摩，按摩不能根治頸椎移位，曾有女文職人員因患頸椎移位不自知而「揉錯骨」，「手尾長」要接受多次治療。

頸椎性頭痛因頸椎移位令神經線受壓，引致肌肉繃緊及頭痛。頸椎性頭痛因頸椎移位令神經線受壓，引致肌肉繃緊，患者會先感到頸部及肩膀痠痛，疲累之餘有受拉扯的痛感，頭部沉重，難抬起頭，出現如被橡膠圈纏著頭部般的頭痛，形成緊張型頭痛。

30 至 40 多歲的文職人員較容易有緊張型頭痛，其他誘發因素包括工作壓力、情緒緊張、睡眠質素差等。現時香港人大多要長時間對著電腦、手機生活，倘若長期姿勢不正確，會令肩頸肌肉長期

緊繃，也會誘發緊張型頭痛。除此之外，頸椎曾受創傷或家族遺傳都會增加患病風險，及畏光等症狀，而且頭痛的時間較不規則。

該病極為常見，每十名患頭痛的病人，大概有六個也屬頸椎性頭痛。退化年齡推前與生活電腦化及坐姿不正有關。我常遇七至八歲求診學童因常用電腦、伏在桌上寫字及趴在梳化看電視令頸椎移位，引致頭痛，需接受治療。曾有一名頸椎移位女文員「貪得意」跟隨同事往內地按摩，豈料頸部被推至「咔」一聲，疼痛無比。按摩只會暫緩肌肉痛，按力太大更可能令骨移位。

市面上有很多成藥宣稱能有效紓緩頭痛，但這些藥物往往只有短期紓緩的作用，長期食用後紓緩的功效會變得越來越低，讓頭痛繼續影響睡眠及情緒。要完全解決頭痛，就不應該只根據病徵作治療，而是要主動找出導致頭痛的真正病因。

脊醫一般會向病人作詳細的問診，例如疼痛的感覺、發病時間、頻率、引發的因素及其他症狀如畏光、嘔吐暈眩等，頭痛患者可先照 X 光確定病因，若發現與頸椎有關可利用手法治療矯正整條脊骨，或利用超聲波及干擾電療放鬆肌肉改善病情。

朱君璞
脊骨神經科醫生
紐約脊骨神經研究院醫學博士
香港註冊脊醫

頭痛要治本
頸因性頭痛醫頸反而有效

　　無論小朋友、成年人還是長者，都有機會試過因頭痛而帶來的不適和難以集中。但無論哪一個組別的患者，也常常誤解自己頭痛的成因，因而未能有效地紓緩痛楚，希望透過這篇文章可以幫助讀者明白到頸因性頭痛的成因，從而減低誤解發生的機會，儘快接受適當的治療。

懶人包：頸因性頭痛或與坐姿不正確有關

　　這篇文章將會介紹頸因性頭痛（Cervicogenic Headaches），亦名尾枕神經痛。根據「國際頭痛疾病分類第三版」，頸因性頭痛定義為續發性頭痛（Secondary Headaches）的一種，成因一般相信是來自於三叉頸神經核（Trigeminocervical Nucleus）。患者可能因坐姿不正確、寒背等，而導致頸椎神經受壓。患者除了頭痛，還有機會出現頭暈、肌肉僵硬及背痛等問題。

一星期頭痛數次每次長達數小時

一位 37 歲女士因在三年來持續地頭痛、頸痛和右手麻痺，因此被轉介到脊骨神經科。患者在講述自己病情時，稱不記得曾出現會導致痛楚的成因或事件。根據 Numeric Pain Rating Scale，她自評頭痛痛楚已達到 7/10，而頸痛則達到 5/10。她一星期會頭痛數次，而每一次可長達數小時。

由於這位女士是一位投資銀行家，她認為，痛症是因長時間對著電腦而形成。她在痛症開始後這三年，試過靠助眠藥品、三環類抗抑鬱藥（Tricyclic Antidepressants）和非類固醇消炎藥（Non-steroidal Anti-inflammatories）紓緩病症，但效果未如理想。

治療後患者恢復正常頸部全幅度活動

經過檢查後，這位女士有頸部移位和彎腰駝背，她的頸部活動幅度如下：

	正常幅度	患者幅度
仰望（Extension）	>65°	20°
左右旋轉（Rotation）	>80°	45°

脊醫向這位女士建議開始接受治療，包括超聲波治療和脊骨矯正，從而恢復頸椎及頸部肌肉功能。療程的頭三個月，患者需一星期接受三次治療。當痛楚減少後，療程的第二個部分便開始，目的是回復頭部正確位置。醫生使用了牽引法，回復了患者頭部位置和頸椎生理弧度。療程完畢後，患者恢復了正常頸部全幅度活動，也再沒痛症出現。在康復一年後，這位女士仍沒有任何痛症反覆的現象，亦不需依賴任何藥物。

　　這位女士的故事告訴我們頭痛可因不同原因形成，所以不能只靠止痛藥紓緩頭痛，而是要真正明白成因，從根源治療痛症。

參考文獻：

Chu EC, Chu V, Lin AF. Cervicogenic Headache Alleviating by Spinal Adjustment in Combination with Extension-Compression Traction. Arch Clin Med Case Rep 2019; 3 (5): 269-273. 2019; 3(5):269-273. doi: 10.26502/acmcr.96550090.

伍仲恒
脊骨神經科醫生
加拿大紀念脊科醫學院脊骨神經科博士
香港註冊脊醫

馬鞭式創傷

在 2020 年，香港一共發生了 15,298 宗交通意外，因而死亡人數達 18,360 人，而當中受傷人士可能受到不同程度的「馬鞭式創傷」。

有些人認為，在時速 8 至 12 英里低速、從後碰撞的車禍事件中，車輛可以是完全沒有損壞或只是有非常輕微的損壞，故此乘車者理應沒有損傷。但根據美國聖地牙哥脊骨研究所（Spine Research Institute of San Diego）的數據顯示，有高達 78% 車禍中乘車者的損傷，是在時速 12 英里以下發生的，並指出當中有 9% 的乘車者會因為低速、從後碰撞車禍的緣故，漸漸形成長期慢性的頸部疼痛。看來車輛的速度與乘車者的受傷程度不是成正比例的，這個發現實在不容忽視。

什麼是「馬鞭式創傷」呢？

當頸部受到突發性的強力拉扯而受傷，醫學上稱之為「馬鞭式創傷」。這種創傷除了可以是源於工業或運動的意外，最普遍的主因是車禍。當頭部向前、後急速拉扯超過了正常的限制，脊椎周圍的肌肉、韌帶和關節都受到傷害。有時患者的頭部更撞向擋風玻璃和駕駛盤，以致產生大腦震盪。

由於馬鞭式創傷不一定有骨折，而軟組織創傷通常在一般的 X 光片中是很難察覺得到，故此不少保險公司都不肯負上責任，患者被指為說謊者、騙子或是精神病人。直到近代，隨著磁力共振、電腦掃描及超聲波等先進診斷儀器的發明，證實了軟組織創傷是真實存在的。

馬鞭式創傷的症狀包括：頸痛、腰背痛、肌肉繃緊、視力模糊、吞吐困難、疲倦、頭暈、手腳麻痺／疼痛、頭痛、肩膊痛、作悶、耳鳴及顎關節痛等等。而其所帶來的後遺症可以有大小不同程度的呈現，這視乎各方面不同的因素：例如車子被撞的方向、有否用安全帶、車禍前的警覺性、頸椎／頭所面對的方向、車子的大小、頭枕的高低、年紀、性別及現存的脊椎問題，例如脊骨退化及頸椎弧度過直等等。

脊科醫學處理馬鞭式創傷的方法，主要是透過熟練的手法治療（Chiropractic Adjustment）去矯正錯位的脊骨，使它回復正常的活動功能。在加拿大魁北克省曾作了一個很詳細的調查探討，足足用了三年時間，審閱過萬篇關於馬鞭式創傷的研究，結論是在現今眾多種種不同的療法之中，大部分都是未被證實，但脊骨矯正療法卻得到確實的認可及支持。

不時有聽見患者會這樣說：「我既然沒有痛，就是沒事吧！不用理會」，這是人對這種病症的不了解。其實馬鞭式創傷的徵狀，許多時不會立即浮現出來，不少個案是在若干年後才開始發作，但這時脊椎可能已經呈現退化的跡象，使患者錯過了完全康復的機會。

故此在車禍後，應立即請脊醫作一個詳細的脊骨檢查，然後儘快開始對馬鞭式創傷作出適當的處理和治療。

趙贛
脊骨神經科醫生
紐西蘭脊骨神經科醫學學士
香港註冊脊醫

少女治好斜頸
回復自信改善社交

患者小檔案

年齡：14 歲

性別：女

職業：學生

病徵：頭總是向右邊傾斜，而且兩邊頸部都很痛，有時還有頭痛和
　　　頸項顫抖的感覺，情況持續幾個月

確診：頸肌張力障礙

「我發現我的頭總是向右邊傾斜，而且兩邊頸部都很痛，有時
候還有頭痛和頸項顫抖的感覺，已經幾個月了，症狀都比之前加劇
了。」一名 14 歲女孩跟脊醫訴說。

患有頸肌張力障礙　頸部活動範圍受限

由於她的頸部總是往一邊歪，這名少女對於她的外表感到尷尬
和焦慮，更讓她害怕參與社交活動，擔心別人會用奇怪的目光看
她。脊醫觀察到女孩的頭部長期向右側傾斜，下巴被拉到左邊，頸
部肌肉十分僵硬。頸部活動範圍受到痛感限制，只有 0° 的伸展（正

常 >60°）、10° 的左旋轉和 25° 的右旋轉（正常 >80°）。這些都是頸肌張力障礙／頸肌張力不全症的病徵。開口頸椎 X 光片證實第一節頸椎錯位，亦表明了女孩患有第一、二節頸椎關節的旋轉性不穩定。

懶人包：頸肌張力障礙易誘發頸椎錯位

肌張力障礙／肌張力不全症是一種神經系統疾病，其病徵是拮抗肌肉持續或間歇收縮，導致扭曲、顫抖、重複性運動或痛症，使患者出現異常姿勢。涉及頸部肌肉的肌張力障礙稱為「頸肌張力障礙」，也稱為痙攣性斜頸。頸肌張力障礙可分類為原發性或續發性肌張力障礙，原發性是指沒有可識別的根本病因，續發性是指作為其他疾病或狀況的後果。因為疼痛的頸部扭曲，頸肌張力障礙對患者的生活質素產生了深遠的影響，以及心理壓力。

頸肌張力障礙所造成的重複性肌肉收縮，令頸部結構有更大的剪切力和彎曲，反覆勞損頸椎關節，導致頸椎生物力學變化，繼而出現頸椎錯位。由於約 60% 頸部旋轉的活動來自第一、二節頸椎關節，頸肌張力障礙容易誘發第一、二節頸椎關節不穩定和錯位。治療方向需要包括減低肌肉張力，和改正頸椎關節錯位。一般而言，注射肉毒桿菌和神經毒素是治療肌張力障礙的主流。通過局部注射，明顯減少大多數患者的疼痛情況，但是無法治療頸椎的錯位。脊醫則期望為患者提供治標治本的治療方案，包括放鬆緊繃的肌肉、減輕疼痛、矯正錯位關節，以及加強結構穩定的練習。

治療九個月後再無肌張力障礙症狀

就好像上文提到的 14 歲女孩，她接受了脊醫治療，脊醫起初每天透過超聲波療法、輕柔按摩和肌肉訓練來幫助女孩，亦鼓勵她在家中利用熱敷止痛。當頸部疼痛和痙攣明顯緩解後，脊醫為她進行輕力的頸椎矯正，以進一步改善頭部傾斜問題。

治療後，頭部傾斜和旋轉受限症狀明顯紓緩，而且肌肉僵硬、疼痛和頭痛都消退。女孩在開始治療後九個月，再沒有出現肌張力障礙的症狀。女孩對自己的康復感到非常高興，更恢復了自信心，不再害怕參加社交活動。

參考文獻：

Chu ECP, Chakkaravarthy DM, Lo FS, Bhaumik A. Atlantoaxial Rotatory Subluxation in a 10-Year-Old Boy. Clin Med Insights Arthritis Musculoskelet Disord. 2020;13:1179544120939069. doi: 10.1177/1179544120939069. eCollection 2020. PubMed PMID: 32655279; PubMed Central PMCID: PMC7331757.

林嘉慧
脊骨神經科醫生
加拿大紀念脊科醫學院脊骨神經科博士
香港註冊脊醫

頸椎間盤突出症

都市人上班長時間使用電腦，閒時亦經常低頭玩手機，很多時還覺得頸膊酸痛是「標準配備」，沒有才是不正常，往往輕視了這些誤以為是無傷大雅的小問題。但是這些疼痛不但持續沒有好轉，而且慢慢地逐漸惡化，引起手部麻痺及失去手部肌力，嚴重影響日常生活，實在不容輕視。

我們的脊椎和頸椎間盤

要了解頸椎間盤突出症，我們先了解一下脊椎、它的構造及頸椎間盤的位置。

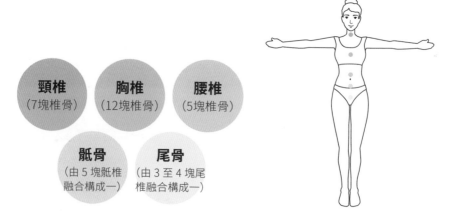

頸椎
（7塊椎骨）

胸椎
（12塊椎骨）

腰椎
（5塊椎骨）

骶骨
（由5塊骶椎融合構成一）

尾骨
（由3至4塊尾椎融合構成一）

人體脊柱是由 33 塊椎骨組成。它除了負責支撐人體的重量和支持軀幹外，更重要的，還有包圍並保護在脊椎骨內，從大腦延伸至脊椎底部的脊髓。

　　椎間盤是連接相鄰兩塊椎骨的纖維軟骨盤。椎間盤對脊柱提供避震功能，有助維持脊柱的穩定性，給脊柱提供緩衝保護作用。

　　當椎間盤因長期勞損、天然退化或意外受傷導致受到不正常的外力擠壓，可能會整體向外膨出或局部突出，或因外層纖維環出現破損裂痕，令位於椎間盤中間的「啫喱」疝出，這就是椎間盤突出。持續進展可能會壓迫到神經根或脊髓導致進一步的神經傷害，引發一系列不適症狀。

症狀

　　頸椎間盤突出是頸部疼痛最常見的原因之一。視乎椎間盤突出的位置，有機會壓迫不同的神經根，出現不同部位的症狀。

頸椎間盤位置	痛症或麻痺的位置	肌肉乏力
頸椎第四、五節中間 （C4/5）	頸、肩膊、上臂	三角肌
頸椎第五、六節中間 （C5/6）	頸、肩膊、上下手臂、拇指	二頭肌
頸椎第六、七節中間 （C6/7）	頸、肩膊、肩胛、上下手臂、食指、中指	三頭肌
頸椎第七節和胸椎第一節中間 （C7/T1）	肩胛、上下手臂、無名指、尾指	手指肌肉

如果頸椎間盤壓迫在脊髓上，出現的症狀有可能更加嚴重，當中包括：

- 走路緩慢、失去平衡
- 小肌肉不協調（扣鈕不靈活、寫字不順暢、用筷子乏力等等）
- 四肢麻痺

診斷

脊醫一般會先從臨床檢查著手，進行適當的神經、骨骼和肌肉檢查及測試，以確定神經受壓的位置。如有臨床需要，脊醫會安排病人進行影像掃描（如 X 光、磁力共振），以助醫生作出適當診斷。

脊科治療

絕大部分的頸椎間盤突出，都可用保守治療成功控制病情，紓緩痛症。脊醫利用專業的手法治療及適當的儀器輔助，針對為頸椎間盤及被壓迫的神經根減壓。脊科手法治療、配合特定的運動、人體工學和姿勢矯正，有效改善關節與肌腱活動能力，促進整體神經、肌肉與骨骼系統回復平衡，預防復發風險。臨床上，脊醫治療對椎間盤突出症非常有效。

溫文灝
脊骨神經科醫生
美國西北大學脊骨神經科醫學博士
香港註冊脊醫

顳頜關節障礙（TMJD）

頭部唯一可以明顯移動的關節就是顳頜關節，俗稱「牙胶」。連接著顳骨以及顎骨之間的一個活動軟組織叫做關節盤（Articular Disc），在上顎與下顎間作為開合口腔的複雜制動，幫助我們日常說話咀嚼以及呼吸。當關節無法正常活動時而產生滑膜發炎，問題就衍生了。例如關節盤移位、以及咀嚼肌痙攣尤其是翼外肌、下頜神經因頸部肌肉受壓而導致失調，甚至乎因頭頸脊椎肌腱問題都有可能導致顳頜關節障礙（TMJD）。

患者通常有不知原因的牙痛、耳痛、頭暈吞嚥困難、偏頭痛、反射性的肩頸痛、口腔開闔困難，甚至乎牙胶時常發出「咯咯」聲，感覺上下牙齒不對稱等等的徵兆。[1]

由顳頜關節障礙引起的問題眾多以及其複雜性，很多人以為牙齒有問題而去尋求牙醫的協助，也有人以為是耳仔問題尋求耳鼻喉科專科協助，但沒想到脊醫也可以利用自理肩頸、頭頸肌肉的協調以及手法矯正牙胶關節來改善這個問題。而在《美國口腔復康醫學期刊》上也發表了文章，建議患上顳頜關節障礙的病人有否頸椎問題都需要作頸椎檢查。[2] 這一點也肯定了脊醫可以配合其他醫療專業共同治理患上這個問題的病人。

正常成年人的牙胶一般可協助上下對稱地將開口 40mm，以及將下顎橫向移動左右 10mm，同時也不會發出「咯咯」聲。當你將頭向前傾並放鬆牙胶張開口後，你會感覺到下顎自然傾前突出。再嘗試把頭部向後傾放鬆牙胶張開口，你會感覺到下顎的位置比起頭向前傾是有分別的。這個道理剛好切合如果患者長期是低頭族，長期頭部前傾以及患有寒背等等上背的問題，這樣也增加了影響牙胶關節錯位的風險，造成關節盤移位，影響口腔開合，咀嚼障礙。

顳頜關節障礙分為三大類：

第一類：口腔開合不對稱，單邊關節開合障礙導致顎骨歪了單一邊。（圖一）

第二類：口腔開合不對稱，先傾側一邊開，往後當口腔閉上，顎骨反方向傾另外一邊閉上。（圖二）

第三類：口腔開合非常困難，有廣泛的制動問題，以及關節發出巨大的「咯咯」聲，俗稱「恐龍胶」。這類患者可能需要跨專業的治療方案甚至乎需要動用侵入式的顳頜手術。（圖三）

為了預防顳頜關節障礙發生，最重要是定期檢查牙齒、頸椎，以及經常保持良好的姿勢。

參考文獻：
1. American Chiropractic Association (2001)
2. Journal of Oral Rehabilitation (Sep 2010)

林福傑
脊骨神經科醫生
紐約脊骨神經研究院醫學博士
香港註冊脊醫

頭痛頭暈恐頭部前傾所致
頸椎矯正助重心返回正軌

　　頸椎負責使頭部和頸部具有活動性和穩定性。頭部重心的任何偏移都會增加頸椎的負載，更可能會傷及頸椎關節。過度的頸部彎曲，還會過分伸展頸椎和其他所有脊柱兩旁的結構。不少報告指出，頭部前傾姿勢可引起多種疾病，包括頸椎神經根病變、頭痛和頭暈等，病人大多數會出現疼痛症狀和脊骨功能障礙，包括減低其活動範圍和關節穩定，對日常生活造成不良影響。

　　經過醫生的觀察評估，很多現代人都有明顯的姿勢不良，例如頭部傾斜、頭部向前、高低膊、脊骨錯位和脊柱彎曲變形等。頭部前傾姿勢是最常見的姿勢異常，很多是由現代不良生活方式和習慣引起，例如長時間低頭用手機、長時間在電腦前工作、長時間駕駛及坐姿不良等，加重頸椎的負擔。

頭部前傾患者　麻痺或因關節不穩引起

上頸椎（C0-C2）負責了 50% 的頸部低頭後仰，以及 50% 的頸椎旋轉。頭部前傾姿勢增加了包括上頸椎、枕骨的伸展以及下頸椎和上胸骨區域的屈曲，使頭部重心偏移，影響了頸椎關節的活動性和穩定性。在上頸椎中，關節不穩定會引起許多生物力學症狀，包括但不限於椎基底動脈循環不全、頸源性頭暈、頭面部疼痛、神經刺激和頸椎神經根病變。好像在脊醫診所中，有些患有慢性頸痛、肩膊、手臂和手指麻痺、頸椎活動受限的病人，都會有頭部前傾的姿勢。因此，可以合理地假設，在某些頭部前傾姿勢的病例中，痛症和麻痺的根本原因，可能是關節不穩引起的生物力學改變。

患者小檔案

年齡：55 歲

性別：男

職業：上班族

病徵：頸痛

確診：枕骨有骨頭增生、頭部前傾

治療後頭部重心返回正中線

另外，一名頭部有前傾姿勢的上班族因頸痛求醫，在他的 X 光片中，意外地發現枕骨有骨頭增生的情況，是頸韌帶的著骨點增生，即肌腱或韌帶部分鈣化及骨化後所造成，像是骨刺的東西。其實在頭部前傾的情況下，頸韌帶和頸肌會被長期拉扯著，因而導致筋腱發炎和頸韌帶骨刺，刺激神經，出現疼痛症狀。

　　脊醫治療著重於脊骨的結構、排列和其生理弧度。頭部前傾姿勢會令頸椎失去了它原有的生理弧度，繼而令各節椎骨承受不同的重量，亦使頭部重心向前。兩名分別任職會計經理和健身教練的頸痛患者，均有頭部前傾的姿勢，從 X 光片中更明顯地看到她們的頭部重心向前，頸椎失去了原有的弧度。脊醫為她們治療，目的是恢復她們頸椎的生理弧度，使頭部重心返回正中線。治療方法包括了超聲波療法、頸椎矯正和使用頸椎牽引儀器，在療程後的 X 光片中，看到兩位患者的頸椎弧度回復正常，頭部重心回歸正中線，症狀亦全部消退。

懶人包：頭部前傾　影響可大可小

　　不少研究已將頭部前傾姿勢列為會導致重大肌肉骨骼後果的臨床症狀，人們絕對需要時刻留意和提醒自己保持良好姿勢，否則隨著時間的流逝，頭部前傾姿勢會變得更糟，有機會導致頸椎退化、肌肉無力和緊繃、神經病變以及肺活量的喪失。

頭部前傾姿勢可造成的後果，包括：

- 頸痛
- 肩膊、手臂和手指疼痛及痺
- 頸源性頭暈
- 頭痛
- 面部疼痛
- 頸椎活動受限
- 肌肉無力和緊繃
- 脊椎退化
- 神經病變
- 肺活量的喪失
- 椎基底動脈循環不全

參考文獻：

Chu ECP, Lo FS, Bhaumik A. Plausible impact of forward head posture on upper cervical spine stability. J Family Med Prim Care. 2020 May;9(5):2517-2520. doi: 10.4103/jfmpc.jfmpc_95_20. eCollection 2020 May. PubMed PMID: 32754534; PubMed Central PMCID: PMC7380784.

張國民
脊骨神經科醫生
美國西省脊骨神經醫學院博士
香港註冊脊醫

頸源性頭暈

　　講起頭暈，除了很容易聯想到是不是腦部出了什麼問題外，大家又有沒有聽過頸源性頭暈（Cervicogenic Dizziness）？原來患有頸源性頭暈的病人，會因為頸部的感覺傳入系統出現異常或受到干擾，導致視覺、頸部及前庭系統之間的聯繫出現問題，致使患者感到平衡失調，且會伴隨頭暈、頸痛、或肌肉僵硬等症狀。

患者小檔案

年齡：24 歲

性別：女

職業：OL

病徵：求醫的兩年前開始出現轉頭時嚴重頭暈和間歇性頸痛

確診：頸源性頭暈、頭部前傾

因嚴重頭暈間歇性頸痛求醫

一位 24 歲年輕女士，在求醫的兩年前開始，只要一轉頭，便會出現嚴重頭暈和間歇性頸痛。當時她接受了多種檢查但皆無異常發現，經磁力共振掃描（MRI）和眼球前庭誘發肌性電位檢查（Ocular Vestibular Evoked Myogenic Potential Test）亦未發現異狀，當時醫生只給了患者布洛芬和乙醯胺酚，嘗試紓緩她的頭暈與痛楚，但效果未如理想。

後來患者到脊醫診所檢查，初步檢查後發現她頭部前移。根據 Numeric Pain Rating Scale，患者自評痛楚已達 8/10。另外，患者頸部肌肉也非常緊繃，檢查發現頸椎第五節（C5）至第七節（C7）活動受限。

治療一個月後頸痛頭暈已消失

患者接受了一星期三次的頸椎矯正及超聲波治療，前者幫助鬆動僵硬的關節和放鬆緊繃的肌肉，有助療程後續的頸部轉動，後者則修復受損的軟組織以及促進血液循環。在完成為期四星期的治療後，患者頸部的痛楚和頭暈兩者均消失。雖然患者的症狀已得到紓緩，但仍保持每月一次到診所，改善她頭部前移的姿勢問題。在開始療程後的第 18 個月，患者已不需依賴任何藥物，亦沒有再出現任何症狀。

這位女士長期保持不當姿勢，因頭部過度前伸產生頭部和頸部肌肉緊繃，以致造成頸源性頭暈。因此平日須注意姿勢的正確性，無論工作或休閒時，即使是按手機這般簡單動作，也需要保持正確姿勢，以免脊椎移位。

懶人包：脊醫能治頸源性頭暈嗎？

　　目前的研究顯示，脊醫的手法治療對於治療頸源性頭暈是有效的，可以幫助受到干擾的頸部感覺傳入系統，恢復到正常運作狀態，進而令到平衡失調、頭暈及肌肉僵硬等症狀消失。

參考文獻：

Chu ECP, Chin WL, Bhaumik A. Cervicogenic dizziness. Oxf Med Case Reports. 2019 Nov;2019(11):476-478. doi: 10.1093/omcr/omz115. eCollection 2019 Nov. PubMed PMID: 31844531; PubMed Central PMCID: PMC6902624.

何婉貞
脊骨神經科醫生
美國生命大學脊科醫學博士
香港註冊脊醫

頸椎神經根病變

現今社會電子科技化越趨普及，因頸部不適而受到困擾的人士也越來越多，包括頸肩緊或痛，甚至頭痛或手痛等等。在美國，尋求註冊脊骨神經科醫生（脊醫）治療的病人中，每五個就有一個因頸痛而定期接受治療。[1] 當病人忽視初期的症狀或沒有適當地處理痛症時，是會增加頸椎退化或衍生更嚴重的神經性問題。其中一個頸椎病便是頸椎神經根病變（Cervical Radiculopathy），佔據了頸椎退化問題的六至七成。[2,3]

頸椎神經根病變是近頸椎神經孔的神經根受壓迫和發炎而引起異常。[1] 常見於 60 歲或以上人士，患有此病的病人一般會感到頸痛、手痛、麻痺、手乏力、頭頸活動幅度減少並帶痛、不正常的皮膚感覺及一些病人把手放到頭後痛症會得到紓緩。[2] 其成因包括病人頸椎椎間盤突出、頸部創傷、曾經數次小損傷引起頸痛、腫瘤、亦可以是沒有明顯症狀隱性地損傷等。[1,2] 主因為頸椎退化導致神經孔被侵佔，佔據了常見個案中的 70 至 75%。[2]

根據 Whalen 的文獻，在美國，一位 40 歲會計女文員的右手肘和前手臂疼痛了一星期，右邊肩膀痛和右手指尾發麻更是有增無減。[1] 初期，她否認有頸痛，而是右邊的上斜方肌至肩膀疼痛。[1] 經

過一連串的檢查，包括頸部和肩部的動作幅度、相關骨科測試、神經系統檢查、各種醫學影像和肌電圖。[1] 她被診斷為頸椎退化、相關頸椎椎間盤突出、頸椎椎管及神經孔狹窄和頸椎神經根炎。[1] 因病人不願意接受手術治療，所以她接受了脊醫的頸胸椎脊骨矯正治療，並配合伸展運動、拉伸和肌筋膜紓緩。[1] 約 15 次治療後，她開始感到症狀有改善，到第 20 次為期八星期的治療後，她表示有七成的改善。[1] 之後一個月，她已經沒有痛症和不需要手術治療。[1] 在工作上，作出符合人體工學的修改。[1] 一年後的跟進中，她亦沒有頸痛和上肢症狀。[1]

另外，根據 Chu 的文獻，在香港，一名 57 歲任職保險經紀的女士受慢性頸痛和麻痺達半年，被診斷為左頸椎第六節神經病變及退化。[4] 一開始，她尋求了不同非手術性治療，但她認為只得到暫時性紓緩，後來她尋求脊醫的幫助，接受脊骨矯正治療。[4] 相似地，經過一連串的評估和檢查，她確實因頸椎退化和神經孔收窄而導致頸椎神經根病變。[4] 她經過了一星期三次，共 12 次的治療後，她表述症狀有五成的改善和姿勢變得正確。[4] 之後兩個月，她繼續接受一星期兩次的治療，她的痛症得到更多的改善，不用再服食止痛藥和頸部靈活度也回復正常。[4] 後期，一個月一次的治療並進行四年的跟進，她的頸椎弧度更得以改善。[4]

治療頸椎病和其所帶來的痛症，非手術性治療是比較經濟和減低需要做手術的機會，其中一個便是接受脊醫的脊骨矯正治療，改善痛症及幫助維持脊骨神經線健康。[3]

參考文獻：

1. Whalen WM. Resolution of cervical radiculopathy in a woman after chiropractic manipulation. J Chiropr Med. 2008 Mar;7(1):17-23. doi: 10.1016/j.jcme.2007.10.002. PMID: 19674715; PMCID: PMC2647101.

2. Souza TA (2018) Differential diagnosis and management for the chiropractor, 5th ed. Burlington: Jones & Bartlett Learning.

3. Yang F, Li WX, Liu Z, Liu L. Balance chiropractic therapy for cervical spondylotic radiculopathy: study protocol for a randomized controlled trial. Trials. 2016 Oct 22;17(1):513. doi: 10.1186/s13063-016-1644-2. PMID: 27770801; PMCID: PMC5075147.

4. Chu ECP. Alleviating cervical radiculopathy by manipulative correction of reversed cervical lordosis: 4 years follow-up. J Family Med Prim Care. 2021 Nov;10(11):4303-4306. doi: 10.4103/jfmpc.jfmpc_648_21. Epub 2021 Nov 29. PMID: 35136807; PMCID: PMC8797131.

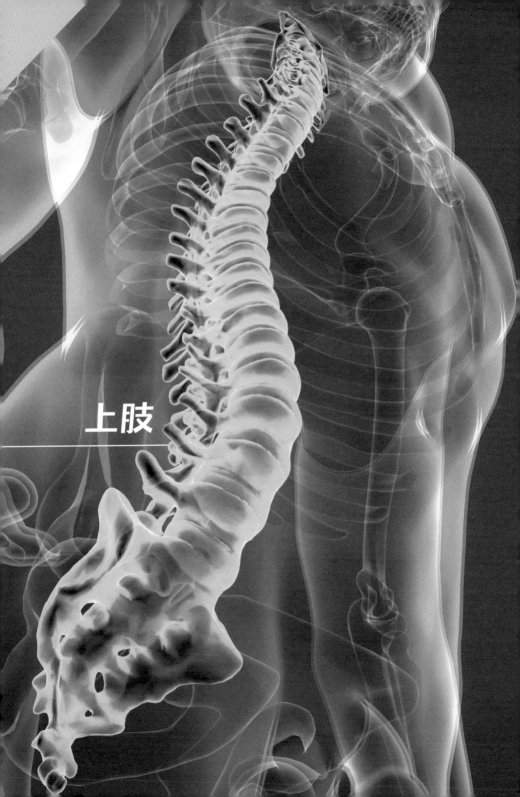

上肢

黃裕惠
脊骨神經科醫生
南威爾斯大學脊骨神經科綜合碩士
香港註冊脊醫

什麼是「肩部旋轉肌袖綜合症」?

　　「肩部旋轉肌袖綜合症」即肩部旋轉肌損傷,發生率會隨著年齡增長而增加,最常見的原因是與年齡相關的退化。65 歲或以上的人最容易出現旋轉肌袖綜合症。重複性活動、吸煙、糖尿病患者、肌肉萎縮或較肥胖的患者會加重這疾病的風險。診斷時需評估身體狀況和病史,包括對先前活動和急性或慢性症狀的描述;對肩部進行檢查,包括觸診、運動範圍、重現症狀的刺激性測試、神經系統檢查和力量測試,以及檢查肩部是否有壓痛和畸形。由於頸部引起的疼痛經常「涉及」到肩部,因此檢查應包括對頸椎的評估,尋找提示神經受壓、骨關節炎或類風濕性關節炎的證據。

旋轉肌袖綜合症的診斷

　　在臨床上最常見和五十肩做區別,一般來說五十肩的患者,除了自己無法把手抬高,在別人的協助下還是無法抬高,反而可能會痛;但旋轉肌袖撕裂的病人在別人的協助下則可以把手抬高。由於肩痛原因非常多,常需安排影像學檢查來確診。臨床常用的影像學檢查如 X 光、磁振造影和肌肉骨骼超音波等。

旋轉肌袖綜合症的預防

　　有症狀時，要避免負重過肩的動作（例如把衣服晾到高處），或突然劇烈的收縮或伸展（例如在扣上安全帶的狀況下手伸到後座拿東西）。但也要避免完全不去做肩部的活動，以免造成關節活動度受限，原則上在不痛的範圍內都可以活動，只要速度不快即可。

　　脊骨神經科治療對於肩部旋轉肌袖綜合症患者有非常好的效果。經過治療之後，大部分患者也能在三至六個月的時間內漸漸康復。若懷疑患上旋轉肌袖綜合症，應立即接受脊骨檢查做診斷，根治肩膀痛。

忻銘熹
脊骨神經科醫生
美國生命大學脊科醫學博士
香港註冊脊醫

沾黏性肩關節囊炎

「為什麼我不到五十歲就開始有五十肩?」這個是我們常常被病人問到的問題,其實五十肩只是俗稱,正確的醫學名稱是「沾黏性肩關節囊炎」(Adhesive Capsulitis),又稱「冰凍肩」(Frozen Shoulder)或肩周炎,因為大部分患者都在 40 至 60 歲時遇到這個問題,而且到了後期的五十肩,患者的肩膀基本上無法活動,尤如被凍結了一樣,所以便有了這幾個不同的叫法。

患上五十肩的人士,肩關節的活動能力會受到限制,最常見是手臂無法舉高至超過肩膀、外旋及內旋。所以會嚴重影響到日常生活,例如更換衣服,尤其是女士要更換內衣、洗頭、洗臉、梳頭,甚至連一般家務都難以完成。或者在睡覺及靜止太久後,也會覺得痛,甚至會痛醒,在天氣寒冷時也會比較不舒服。

當五十肩病人來求醫時,脊醫會先詢問病人的病歷,然後進行一系列檢查,再配合影像來診斷病人的肩膀痛是因什麼原因造成的。一般來說,X 光片是無法診斷患者是否患上五十肩,照 X 光片主要是用來排除肩膀痛是由骨骼、關節或其他問題所引起,具體可能要用上磁力共振(MRI)或關節鏡(Arthroscopy)才能診斷是否屬於五十肩。[1]

而五十肩一般會分為三個階段：

1. 結冰期（Freezing Phase）——病變之初，因發炎引起肩膊痛，肩膊仍可以活動，比較影響睡眠，通常會持續二至九個月，如不及時求醫處理，就會惡化到第二階段。[2]

2. 冰凍期（Frozen Phase）——部分患者習慣了痛楚，所以有些人會覺得痛楚減輕，但大部分人都會感覺到若干程度的疼痛。這階段最困擾患者的是日常生活，因肩膊明顯越來越僵硬，連手臂都無法舉高。這階段如不接受治療，一般都會維持四至十二個月。

3. 恢復期（Thawing Phase）——這是最後一個階段，患者會發現肩膊的僵硬程度慢慢減輕，活動範圍開始變多，但在活動時某些角度仍然有些限制及疼痛——一般需要持續一至兩年的治療，才有可能讓肩膊的活動能力復原。

五十肩的病因暫時不明，一般跟傷患、勞損、習慣側睡、脊椎錯位及長期姿勢不良等等有關，而女性比男性患上五十肩的比例較高。一些長期病患，如糖尿病、甲狀腺病、心臟病和柏金遜病等，均比其他人有較高機會患上肩周炎。

在臨床上，很多五十肩患者都同時有頸椎前傾及胸椎後突的情況。我們的頭部平均約 10 至 12 磅重，由於長期姿勢不良，使用手機及電腦的時間變長，很多人的頸椎都失去應有的生理弧度，胸椎因頸椎前傾變得後突，肩胛骨前引（Protraction），引致上交叉綜合症，相連的肌肉變得失去平衡而勞損並引起發炎，慢慢演變為五十肩。

另外，當頸椎錯位，會引致神經線受壓而影響部分頸、胸及手臂肌肉的力量，讓肩關節長期處於不正確的角度，也有機會引致五十肩。所以除了肩關節的治療外，脊醫亦會同時檢查五十肩是否跟頸椎或胸椎有關，如有需要，脊醫也會為病人矯正頸椎或胸椎配合手法拉開沾黏的關節，再加上一些儀器如衝擊波（Shockwave）[2]，電磁波（Electric-magnetic Lazer）或電脈衝（Electrical Muscle Stimulation）等來配合治療五十肩。

參考文獻：

1. Cho, C.-H., Bae, K.-C., & Kim, D.-H. (2019, September). Treatment strategy for Frozen Shoulder. Clinics in orthopedic surgery. Retrieved July 6, 2022.

2. P. B Shane, Idiopathic frozen shoulder. Australian Journal of General Practice. (n.d.). Retrieved July 6, 2022.

梁式妍
脊骨神經科醫生
澳洲麥覺理大學脊骨神經科醫學學士及碩士
香港註冊脊醫

網球肘

　　經常做家務的陳女士，三個月前左手外側突然開始疼痛，最初不是常常痛，休息的時候是沒有痛的，但去完街市拿了重物痛楚便開始明顯了。直到近一個月，陳女士開始感到左手肘越來越痛，連拿起咖啡杯的力氣也沒有，求診後發現患了網球肘。

　　網球肘（Tennis Elbow）醫學名稱是肱骨外上髁炎（Lateral Epicondylitis），是一種重複性或者累積性的肌腱病變所造成，最常受影響的肌腱是橈側伸腕短肌（Extensor Carpi Radialis Brevis, ECRB）。網球肘一般都是因打網球重複擊球的動作引致，但事實上大部分患上網球肘的人士都不是打網球導致，通常這種勞損都是因為過度使用前臂與手腕重複性的活動，所以長期打電腦及經常做家務的人會比較容易患有網球肘，這也是常見的手肘痛問題之一。

成因：

　　某些行業需要經常重複使用前手臂肌肉，或經常重複手腕繞向後伸展，例如裝修工人及廚師均需重複使用手肘，經常使用剪刀也會比較容易患有網球肘。其他成因包括扭毛巾和打字，而姿勢不正確地用鍵盤甚至會影響肩膊和頸椎骨；另外還有用滑鼠手腕撓向後太久、運動時沒有正確使用球拍等。

症狀：

- 手肘外側及前臂位置痛，有時痛楚會伸延至手腕位置；
- 手腕屈向上或向下的動作會引發手肘拉扯或者痛楚；
- 嚴重時，患者的手肘會發熱、腫脹、手臂無力，甚至夜晚會出現疼痛；
- 活動手腕及手肘受力，例如拿起水煲會加劇痛楚。

診斷方法：

主要是透過詢問病歷、觸診、肌肉阻力及關節活動幅度測試，有需要時會透過影像檢查來作診斷。

自我快速測試方法：

先伸直手肘，然後抓住拳頭，手腕用力向上，如果手肘外側有痛便有機會患上網球肘。

治療方法：

- 輕微至中度程度的網球肘：註冊脊醫會觸診檢查手肘骨的位置，如果發現橈骨有錯位，便會用手法矯正去減輕痛楚及提升關節活動度；
- 使用干擾電療可以幫助紓緩痛楚和放鬆繃緊肌肉；
- 超聲波：減輕腫脹和加快受傷軟組織的修復過程；
- 運動肌貼（Kinesiotaping）：沒有藥性的運動膠布，可以有效幫助支撐減輕疼痛，但不要貼著超過兩天，時間太長容易皮膚敏感；
- 佩戴手肘護帶保護手肘讓肌肉和肌腱休息，以防痛楚加劇；
- 伸展及強化前臂肌肉；
- 如果情況非常嚴重，可能需要作注射治療或者手術。

預防方法：

- 有時候網球肘是比較難以預防的，特別是每日都要用手肘力的人，最低限度可減少使用手肘附近的肌肉減輕病情惡化；
- 避免搬運重物，休息也是非常重要，從而減輕發炎及勞損；
- 用電腦的時候，每半小時至一小時休息一下，伸展一下前臂肌肉；
- 挽手袋的時候盡量減輕重量、轉換姿勢和左右兩隻手交替，或者使用背囊；
- 肌肉（包括手肘、肩膊及背部肌肉）力量不足，也會容易導致手腕伸張肌腱勞損。鍛煉手肘、肩膊和背部肌肉也是一種很好的預防方法。

總結：

網球肘是現今都市人經常遇到的肌腱勞損之一，預防勝於治療，一旦患上網球肘一段時間都沒有好轉甚至惡化，就要及早求醫。

參考文獻：

1. Dongni Luo, MD, Bingyan Liu, MD, Lini Gao, MD, Shengxin Fu, MD. The effect of ultrasound therapy on lateral epicondylitis: A meta-analysis. Medicine (Baltimore). 2022 Feb 25; 101(8):e28822

   S. Cutts, Shafat Gangoo, Nitin Modi, Chandra Pasapula. Tennis elbow: A clinical review article

   J Othop 2020 Jan-Feb; 17: 203–207

2. Tim Noteboom, MS, PT, ATC, Rob Cruver, MA, MS, PT, Julie Keller, MS, PT, Bob Kellogg, MS, PT, ECS, Arthur J. Nitz, PhD, PT, ECS, OCS. Tennis Elbow: A Review. Journal of Orthopaedic & Sports Physical Therapy. Published Online: June 1, 1994 Volume 19 Issue 6 Pages 357-36 https://www.jospt.org/doi/10.2519/jospt.1994.19.6.357

3. Vesselin Karabinov, Georgi P Georgiev. Lateral epicondylitis: New trends and challenges in treatment. World J Orthop. 2022 Apr 18; 13(4):354-364 DOI: 10.5312/wjo.v13.i4.354

   Z. Ahmad, N. Siddiqui, S. S. Malik, M. Abdus-Samee, G. Tytherleigh-Strong, N. Rushton. Instructional review: Shoulder and elbow. Lateral epicondylitis. A review of pathology and management Bone Joint J 2013; 95-B:1158–64.

潘海勳
脊骨神經科醫生
美國脊骨神經科醫學博士
香港理工大學物理治療榮譽理學士
香港註冊脊醫

哥爾夫球肘

「為什麼沒有打哥爾夫球也會得到哥爾夫球手？」

很多病人問我，我從來不打哥爾夫球，為什麼我會得到哥爾夫球手？是不是很奇怪？

哥爾夫球手名字的由來，其中一個原因是因為打哥爾夫擊球時，手肘內側的肌肉／筋腱受到拉扯，若果動作不停重複、姿勢不良或者用力過大，便很容易拉傷手肘內側組織，引致發炎。

哥爾夫球手又叫肱骨內上髁炎（Medial Epicondylitis），跟網球手的成因類似。只是哥爾夫球手患處為手肘內側，網球手為手肘外側。

除了打哥爾夫球之外，哥爾夫球手更常見於長時間重覆使用前臂及手腕，如長期使用電腦重複打字的文職人員，廚師及家庭主婦等長期重複地手握或買餸拿重物。當然一些重複性動作的運動如哥爾夫球、羽毛球及保齡球也容易引致哥爾夫球手。

手肘內側有個凸出的點叫做內上髁，許多控制手腕屈曲的肌肉起點由這點為源頭。當手腕彎曲（手掌向天）過度使用或扭傷會引致筋肌發炎，導致局部疼痛紅腫，甚至引致手腕無力。

當遇到以上情況時,請停止會引致疼痛的動作,找醫護人員處理。

常見的處理方法:

- 休息手部,停止引致疼痛的動作;
- 如有紅腫痛熱,建議可以用冰敷(如果不肯定,詳情請向醫護人員查詢);

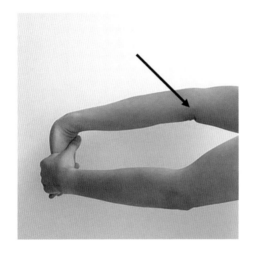

- 適當手腕屈肌伸展運動,輕柔按摩;(伸展時,掌心向天,手肘盡量伸直,感覺到拉緊,維持10至15秒,重複五至八次,每天三組)
- 適當儀器治療,如超聲波,干擾波,激光甚至衝擊波或骨骼調整;
- 佩戴適當護肘(詳細請向醫護人員查詢)。

吳政諺
脊骨神經科醫生
美國紐約脊骨神經醫學博士
香港註冊脊醫

彈弓指

有否發覺早上起來有一至兩隻手指彎曲了，要用另一隻手協助才能令手指返回原位呢？如有以上病徵，你可能已經患上彈弓指／板機指（學名手指腱鞘炎）。

彈弓手病徵：患者初期會感覺手指和掌指關節很容易痠痛，後期則疼痛加劇及手指彎曲後不易伸直，當彎曲或伸直手指或拇指時，會聽到響聲。更甚者還需要其他手指加以輔助才能回復原位，嚴重時手指還會有腫脹和結節硬塊。彈弓手可以發生在任何手指，最常見的是在大拇指，有時會跟媽媽手或腕管綜合症一起出現。

彈弓手成因：彈弓手是由於重複運用手指動作所引致，從而導致手指筋腱退化及韌帶增厚，會影響肌腱活動。當患者嘗試伸直手指時，會令發炎的肌腱活動困難和發出聲響。

預防方法：

- 避免讓手指過度頻繁做固定的彎曲動作，買餸時避免用一隻手指提重物；
- 經過一段時間的工作及家務後，應適時讓手部放鬆休息，按摩或熱敷掌指加以紓緩；
- 平時多做舒展和拉筋操，鍛鍊手部肌力。例如可以買一塊海綿／百潔布，用手重複擠壓一分鐘，讓手指得到伸展；
- 如需長時間頻繁使用手指，應配戴手指護具、護套及護腕等，保護並支持手部，預防損傷。

脊醫治療方法：

脊醫會先檢查患處從而進行適當的治療。其中衝擊波治療是透過一種高能量的聲波，透過破壞患處發炎的軟組織，加速血液循環及令細胞自我修復。此療程能非常有效治療鈣化性筋腱炎。

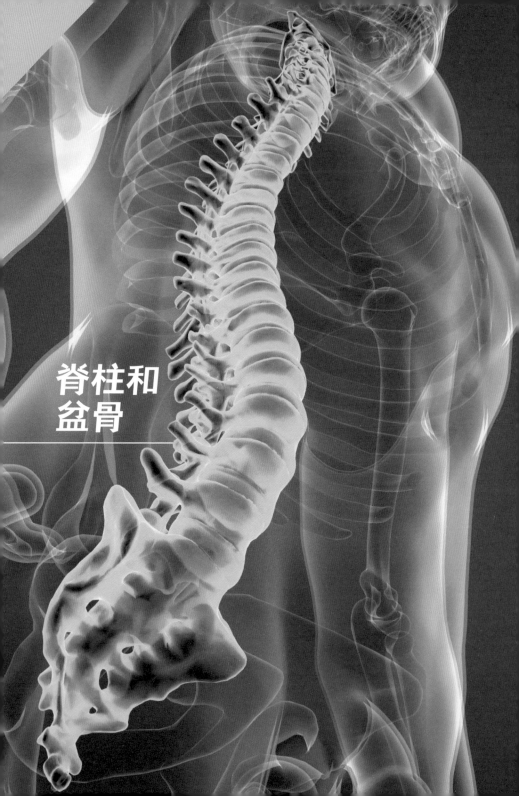

脊柱和
盆骨

梁璟懿
脊骨神經科醫生
澳洲莫道克大學脊骨神經科醫學學士
澳洲莫道克大學脊骨神經科科學學士
香港註冊脊醫

寒背

「哎呀！你有寒背啊！」—「吓？！我有寒背？！」——一起拆解寒背之謎！

相信大家都有聽過，甚至是親身經歷過以上的對話。無論是出自朋友、家人或是另一半口中，「寒背」或「駝背」都是一個令人聞風色變的詞語。但大家有沒有一個疑問，就是到底什麼才是「寒背」呢？要回答這個問題，我們就要從脊椎的結構上入手了！

脊椎是人體中一個十分核心的結構，其主要作用為支撐身體站立和行走，保護脊髓和有效地分散移動時的衝擊力。在分散衝擊力的作用上，脊椎形態是非常重要的一環。任何在其形態上的改變都會引致椎骨及椎間盤加速耗損，以及引起外觀上的改變，產生痛症。

正常的脊柱從側面（矢狀切面）來看一般會有三個自然的生理弧度，分別為：向前的頸椎前凸和腰椎前凸，及向後的背椎後凸。他們就像彈簧一樣，在受壓時會分別向前或後輕微變形，以達到分散和減輕衝擊的作用。而大眾一般所說的「寒背」或「駝背」，就是背椎後凸從表面看起來比平常更凸出的情況！

「你寒背啊！坐直啲啦你！」——真係咁簡單？

正如剛剛提到，大家一般所說的「寒背」（或「駝背」）是背椎後凸，從表面看起來，比平常更為凸出。實際上「寒背」的成因往往比想像中更複雜，而且不是單靠「坐好」和「站好」就能解決的。如果患者身上有結構性的變化時，由於脊椎已經發生永久或半永久性改變，想改善此類「寒背」更是難上加難！所以想要改善自身的寒背，首先必須了解自身寒背的成因。在一般城市生活的人群身上，常見的寒背成因包括以下幾種：

1. 背椎關節錯位或活動不良

在資訊科技發達的當代，大家經常需要使用電子科技工作、學習和生活。長期的姿態及習慣不良，會容易引起背椎小面關節活動性能不良和錯位，使背椎不能充份伸展。當背椎不能充份伸展時，便會被迫停留在向前屈曲的姿勢，形成「寒背」。

2. 頸椎退化

不要以為只有背椎問題才會導致「寒背」，其實頸椎退化同樣是成因之一！頸椎退化的其中一項常見變化為頸椎曲度（又名生理曲度、生理弧曲及頸椎前凸等等）變直，結果會造成位於頸椎頂端的頭部出現前傾。這種變化會令頸胸交界處脊骨及上背椎在外觀上看上去比平常更為凸出，從而令患者身上出現「寒背」的現象。與此同時，頸椎曲度變直及頭部前傾會加速頸胸交界處的肌肉和脊椎勞損，引發痛症和軟組織浮腫，繼而發展成大家所說的「富貴包」！

3. 背肌過弱

顧名思義，背肌位於人體的背後。從頭骨下方開始，穿過肩膀，一直延伸到臀部上方的下背部。背肌的主要作用是為軀幹提供結構支撐的力量。如果背肌（特別是上背肌）因為各種因素出現力量不足，就會造成其不能長時間支持上背及頭部重量，形成「寒背」。

4. 胸肌過強

　　除了背肌外，胸肌過強也是一個在熱愛活動或健身人士身上常見的原因。胸肌主要負責肩膀和肩胛骨的活動。胸肌過強會導致肩胛骨位置前移、圓肩和表面上的「寒背」。如果胸肌過強和背肌過弱同時發生，則會引起上交叉綜合症。

5. 核心肌肉群力量低下

　　你可能會說：「吓！唔係啩吓嘛？連核心肌肉都關事？」其實這是一個大家都很常忽略的寒背成因，而且在現代以苗條為目標的女士們及肌肉量較低的人群較為常見！在正常情況下，核心肌肉群能穩定姿勢、促進有效的上下半身力量傳遞，以及分擔脊椎的負荷。當核心肌肉群力量出現下降時，因核心肌肉群不能完成它正常的工作，穩定姿勢的責任就會被轉移到肌腱和韌帶上。結果，骨盤前傾和背椎後凸會分別增加以保持身軀平衡，引致「寒背」（又稱「搖擺背」或「懶漢背」）。有時大家身上揮之不去的「小肚腩」其實也是核心肌肉群力量過弱的表徵之一，有「小肚腩」的人士要多加注意了！

6. 其他結構性原因

　　結構性改變，指組織的結構出現了永久或半永久改變，通過保守治療一般都十分難根治。在脊椎上能造成「寒背」現象的其中幾個結構性原因包括：擠壓性骨折，脊椎駝背後凸症／舒爾曼病（Scheuermann's Disease），強直性脊椎炎（Ankylosing Spondylitis）等等。如果患者身上出現該類變化，由於脊椎骨及其他相關組織已經出現物理上的改變，他／她身上出現「寒背」也將更難改善。

以上僅「寒背」成因的簡介，其他詳細成因及他們的相互作用因本篇章的長度所限而未能仔細論述。但從上面短短的篇章就能看出，其實「寒背」是由多個原因或病症引起，並非只是單單背椎外觀改變，也並不是只靠「企直」和「坐好」就能解決的。如果想改善或解決「寒背」問題，患者應尋找專業的醫療意見，找出其確實成因後，再作出全面及針對性的治療！切忌隨便因看到一兩篇文章或一兩個標榜能「改善寒背」的運動就作出自我診斷和治療，結果拖延了病情，甚至受傷！健康，人人皆想達到。所以從今天起盡快行動，尋找專業醫療意見和治療吧！

劉柏偉
脊骨神經科醫生
美國彭瑪脊科醫學院醫學博士
香港註冊脊醫

胸廓出口症候群（TOS）

　　神經系統連接著我們的大腦到身體任何一個地方，這個微妙的系統主要被我們的脊椎所保護著。脊椎可以被各種解剖結構壓縮，這種對神經系統的壓迫可能會導致我們的大腦和身體之間的溝通中斷。從脊椎延伸出來的神經線可以被身體不同的部位組織受壓，這種對神經系統的壓力可能會導致我們的大腦和身體之間的溝通產生干擾。

　　脊椎具有許多功能：例如保護我們的神經系統，賦予整個身體的核心支援，提供每節脊骨的活動能力，作為肌肉附著位和其他骨骼的連接位等。當我們的身體遭受急性創傷或是長期受壓時，可能會導致脊骨錯位，肌肉失衡，也導致脊骨錯位惡化，不同肌肉群組也會產生勞損肥大或萎縮等問題。

　　在某些職業中，患上胸廓出口症候群的風險或會比其他人高。如那些整天在鍵盤上打字或在工廠裡反覆執行同一個動作的人士一般會承受更大風險。要改善胸廓出口症候群通常需要改變工作方式或尋找新的方法去執行單一動作的工作。

現今一些普遍職業需要花費大量時間在工廠或建築工地執行繁重的工作，或在辦公室裡忙著埋頭在電腦前打字。這些長期而重複的創傷或多或少會增加引起脊椎相關疾病的可能性。正因如此，本文章我們將討論一種與上班族有關的常見病症之一——胸廓出口症候群（簡稱為 TOS）。這是一種在第一肋骨和鎖骨之間空間的血管和神經線因為受壓而導致血液循環減少的問題。患者的肩部和頸部周邊會出現疼痛，還有機會壓到臂叢神經線（即是頸部區域主要的神經網絡，主要通往上肢部位），導致出現頸部到手指麻痺的症狀。

還有許多因素可能誘發 TOS 的發生，包括先天性的結構性缺陷、不良的坐姿、站立和日常生活習慣等。先天性結構性缺陷者患上 TOS 的風險，使他／她由出生一刻已經比其他人風險較高，並且有可能需要透過手術治療去改善問題。如果是因為生活方式和不良姿勢而引起的話，反而是好消息，因為兩者都是可以透過決心而逆轉過來的。改善姿勢是「幫助」胸廓出口症候群的最佳方法之一，但當然還有大多數長期病例中，病人都先需要註冊脊醫的協助再配合改善姿勢去根治問題。

註冊脊醫會先記錄患者病史，以了解患者創傷機制及程度。脊醫繼而會為患者進行各種不同測試：如肌肉強度、神經反射、整體脊骨結構檢查及為其活動能力和功能做評估。如有需要，脊醫更會安排更多骨科相關檢查、X 光片或其他更先進的影像去深入了解患者問題的來源，以掌握患者當前的狀況。這些檢查都可有助找出導致患者出現症狀的原因並具體化地重組起來，可以更有效解決患者的問題並使患者接受正確的治療方法。

你的脊醫將幫助你的身體修復脊骨錯位，除透過治療外，更會提供核心和脊骨強化運動、伸展運動和人體工效學教育來提高你的活動能力，令你更好地了解如何防止任何痛症問題，減低再次發生的可能性。

請謹記保護脊骨的重要性，不應在感到疼痛時，才意識到問題的急切性和嚴重性。

或是，採取一個較為積極的態度：「預防勝於治療」——定期讓你的註冊脊醫為你檢查一下脊椎也不失為一個好主意。

高葦鍾
脊骨神經科醫生
澳洲麥覺理大學脊骨神經科醫學學士及碩士
香港註冊脊醫

腰背痛

腰背痛是一個非常普遍的痛症問題，研究報告顯示大概有五到八成的成年人都會經歷腰背痛 [1, 2]。

在脊醫診所常會聽到的腰背痛成因包括運動或搬重物意外拉傷，或是舊傷患沒有處理好變嚴重，也有長時間姿勢不正確引致。其實腰背痛成因可以分為幾大類，例如由腰背肌肉筋腱拉傷引起，或是較嚴重的脊椎關節退化引致骨刺或椎間盤突出，亦可能由一些疾病例如強直性脊椎炎（Ankylosing Spondylitis）和舒曼氏症（Scheuermann's Disease）而引致。

腰背肌肉或是筋腱受傷，可以經由運動意外創傷，搬重物時姿勢不正確，或是長期姿勢不正確使到脊椎附近肌肉筋腱勞損引致。大家不要忽略不正確姿勢對腰背肌肉所帶來的影響，以為意外創傷的傷害一定比較大。事實上當姿勢不正確時，腰部的肌肉、脊椎關節或椎間盤都會承受更多的壓力，一段時間後更會令到所影響的組織變弱。

長時間坐或企會使到核心肌肉、腹肌、背部肌肉緊張甚至引來痛楚。這是因為長時間保持一個動作會減少該部位的血流量，使到肌肉變緊和變弱 [3]，久而久之就有機會變成勞損。

除了勞損，不正確姿勢還會使到我們更容易拉傷或扭傷。由於腰部組織變弱或是長期繃緊，腰背痛就可能藉著一個日常簡單動作而被誘發出來，變成突如其來的拉傷或扭傷。

不正確姿勢除了會增加我們拉傷脊椎肌肉或筋腱的機會，亦可能會加速脊椎關節組織退化。除了一些免疫系統引致的關節病例如強直性脊椎炎和類風濕關節炎，還有一種叫骨關節炎（Osteoarthritis），是經由日常的關節磨損日積月累而引致 [4]。

根據 2017 年一份研究報告顯示，年紀越大，患有腰背痛的機會越高，尤其 45 到 49 歲年齡層最容易患有腰背痛 [5]。

大家很容易理解這背後的原因。我們的肌肉和脊椎關節每天也在使用，一段時間後便可能累積了一些傷患或是由不正確姿勢引起的脊椎問題，當這些情況累積到一定的嚴重性便會引來腰背痛。

解決腰背痛問題的其中一個方法是去尋訪脊骨神經科醫生（脊醫）。脊醫專門處理脊椎上的問題，並且不需要使用藥物或手術。他們會通過問診了解病歷，再經由檢查了解病人脊椎或者其他相關組織例如肌肉等問題，如有需要會建議病人作進一步的診斷測試例如 X 光，進一步了解脊椎關節的情況。

脊骨神經科醫生經由上述的調查結果為病人設立一個合適的治療方案，並針對病人的體格結構，重心平衡，姿勢習慣，使用手法治療改善脊椎錯位，利用肌肉強化運動強化變弱的肌肉，需要時會利用醫療儀器幫助消炎止痛，從而改善病人的問題例如腰背痛。

如果你有腰背痛的煩惱，尋找脊骨神經科醫生協助將會是一個很好的選擇。

參考文獻：

1. Volinn E (1997) The epidemiology of low back pain in the rest of the world: a review of surveys in low-and middle-income countries. Spine 22(15):1747-1754

2. Rubin DI (2007) Epidemiology and risk factors for spine pain. Neurol Clin 25(2):353-371

3. Wong KC, Lee RY, Yeung SS. The association between back pain and trunk posture of workers in a special school for the severe handicaps. BMC Musculoskelet Disord. 2009;10:43. Published 2009 Apr 29. doi:10.1186/1471-2474-10-43

4. Medically Reviewed by Hansa D. Bhargava, MD on August 18, 2020 https://www.webmd.com/osteoarthritis/osteoarthritis-causes

5. Aimin Wu, Lyn March, Xuanqi Zheng, Jinfeng Huang,Xiangyang Wang, Jie Zhao, Fiona M. Blyth,Emma Smith, Rachelle Buchbinder and Damian Hoy. Global low back pain prevalence and years lived with disability from 1990 to 2017: estimates from the Global Burden of Disease Study 2017

廖崇位
脊骨神經科醫生
美國國家健康科學大學脊骨神經科醫學博士
香港註冊脊醫

坐骨神經痛

　　在諸多脊骨痛症中，大家最耳熟能詳的痛症，非坐骨神經痛莫屬。坊間林林總總治療坐骨神經痛的廣告，及一幕幕屈腰扶臀捶腿的畫面相信大家一定不陌生！沒錯！坐骨神經痛是臨床上最常見的痛症，也是脊椎病變中最常見的就診原因。它沒有特定好發的年齡層，從青年到老年人都有可能罹患坐骨神經痛。近年新冠疫情肆虐，大眾習慣深居簡出，缺乏運動，加以長時間居家辦公，網課等久坐習慣及不當姿勢，使得坐骨神經痛長居熱搜排行。然而，除了各類廣告上所標榜的神奇療效亦或是友人口中的神奇偏方，究竟你對坐骨神經痛這一痛症實際了解多少呢？讓專業的脊骨神經科醫生為你深入淺出說明這一個既熟悉又陌生的症狀！

坐骨神經的初步認識

　　坐骨神經是由第四、第五腰椎神經根及前三條薦椎神經根，由脊髓主幹穿出脊椎神經孔後於骨盆腔匯集而成，由腰椎下行臀部、大腿後側，而在膝關節的後方分成腓總神經及脛神經而至足底，是人體周邊神經中最長、最粗的一條神經，主要負責下肢雙向的感覺及運動神經訊息傳導。也由於它支配的範圍廣大，所以當它疼痛起來，可真是會令人坐立不安。

坐骨神經痛的症狀

坐骨神經痛是「症狀」，不是「病因」。廣義上坐骨神經痛指的是延著神經走向放射的疼痛及感覺異常，舉凡坐骨神經支配範圍，也就是說從腰部臀部一路到腿部足部有延伸性的或局部性的皮膚感覺異常、刺痛麻木、酸痛感扯脹感、肌肉無力感甚至是肌肉萎縮，從輕微疼痛到劇烈灼痛或抽痛不等。疼痛會在咳嗽、打噴嚏、用力及變換姿勢時加劇，久坐可能加重症狀。通常只影響身體一側，痛得難以入睡，影響日常的工作及活動。

坐骨神經痛發生的原因

坐骨神經痛成因有許多，任何影響坐骨神經神經傳導的病理性及物理性因子，皆可刺激產生坐骨神經痛。以下為常見的壓迫原因：

- 椎間盤突出：受壓而導致椎間盤向外向後突出，壓迫坐骨神經，為最常見的原因，多發於腰椎 4 至 5 椎間盤及腰椎 5 至薦椎 1 椎間盤；
- 椎孔收窄腰椎狹窄；
- 骨刺；
- 腰椎後關節退化／錯位；
- 椎體滑脫：脊柱往前位移，會拉扯到神經；
- 腰部或臀部肌肉緊繃：肌肉緊繃神經壓迫，如「梨狀肌症候群」；
- 脊椎腫瘤／感染：因腫瘤或感染所造成的空間性壓迫；
- 糖尿病：神經長期在高血糖狀況下發生的病變引起功能性障礙。

檢查及診斷坐骨神經痛

專業醫療人員會根據你的病史與症狀進行評估，透過特別的臨床骨科檢查／神經檢查，可以幫助鑑別診斷引發坐骨神經痛的真正原因。臨床上，腰椎的 X 光檢查是坐骨神經痛最基本且重要的醫學影像檢查，透過 X 光檢查可有效了解你是否出現骨骼增生（骨刺），以致神經受壓。另外，神經傳導檢查及肌電圖等神經學檢查，可以協助評估神經壓迫的位置及嚴重程度。當嚴重的椎間盤突出及脊椎腫瘤或感染等壓迫到坐骨神經時，則應做核磁共振醫學影像掃描，以得到確定的診斷。

坐骨神經痛的治療

臨床上常見的坐骨神經痛治療方式，包括藥物治療、藥物注射、物理治療、中醫治療及手術治療，除此之外，千萬別忘了保守治療團隊當中的另一個重要選擇——脊骨神經治療，脊骨神經科醫生會針對不同的致病原因，擬訂不同階段病症所需要的特別治療，例如脊椎調整、姿勢評估、體態訓練、運動治療、椎間盤減壓治療……等等，在坐骨神經痛的保守治療團隊中，扮演著很重要的角色。

如何預防坐骨神經痛及避免坐骨神經痛復發

對於某些狀況，坐骨神經痛或許無法完全避免，而且復發的狀況十分常見。以下方法可以在保護腰椎上發揮關鍵性的作用：

- 定時定量運動
- 維持良好坐姿和站姿
- 使用正確的人體工學方式動作

預防勝於治療，唯有正確的護脊觀念，才是擊退坐骨神經痛的最關鍵要素！

王漢榮
脊骨神經科醫生
美國聖路易斯盧根脊骨神經科醫學院博士
香港註冊脊醫

脊椎側彎

近年不少家長都開始注意自己子女的脊骨問題，寒背及脊椎側彎是最常見的兒童脊骨問題。而嚴重脊柱側彎可以影響心肺功能。

何謂脊椎側彎？脊椎側彎是指患者的脊骨有不正常的側向曲線，在正面呈現 C 或 S 型的側向曲線。而脊柱側彎是一個三維立體上，複雜的脊骨及胸骨旋轉扭曲而成。在臨床上，Cobb Angle（測量脊柱側彎度數的方式）多過 10 度才可認定為脊柱側彎。

脊椎側彎的種類及主要成因

脊椎側彎可分為結構性脊椎側彎和非結構性脊椎側彎兩大類。結構性脊椎側彎是指因先天性發育異常或後天創傷而造成脊椎結構不良。結構性脊椎側彎可以再細分為：

1. 突發性脊椎側彎

是指患者先天脊椎發育異常，但成因不明，可能與遺傳或發育期間骨骼畸形等問題有關。這是最常見的，其發生率佔脊椎側彎總數的 80%。

2. 非突發性脊椎側彎

非突發性脊椎側彎是由於一特定原因,例如神經肌肉病變、退化、感染、腫瘤或意外創傷等,而造成脊椎結構不良。

非結構性脊椎側(或是功能性脊椎側彎)的常見成因包括姿勢不良、長短腳、骨盆傾斜、神經肌肉病變或脊椎左右兩側肌肉張力不平衡等因素。因為非結構性脊椎側彎的原因並不在於脊椎本身的結構,所以只要針對治療其根本成因,側彎症狀自然就會得到改善。越早接受治療就可得到更大的改善空間。

脊椎側彎也可用年齡分類,包括:幼兒 0 至 3 歲(Infantile Idiopathic Scoliosis),少年(Juvenile Idiopathic Scoliosis),青少年(Adolescent Idiopathic Scoliosis)及 17 歲以上的成人(Adult Idiopathic Scoliosis)。

脊椎側彎的症狀

從外觀上,我們大多會看到肩膊、盆骨兩邊高低不對稱,左右兩邊身體都會出現凹凸不對稱。通常年輕及輕微患者一般都沒有症狀,有時只覺得肌肉繃緊,而成年患者大多可能感覺到疼痛,疼痛的位置大多是背部向後凸出來的地方,這個是由於脊骨及肌肉長期不平衡,導致這些地方長期受壓引起痛症,所以通常他們的症狀都是經過長時間維持同一個姿勢後出現(例如久坐、久站和久躺)。至於嚴重患者,有機會會導致骨盆、脊骨及胸腔結構變形並影響患者的心肺功能。

脊椎側彎自我檢查：Adam's Forward Bend Test

測試者直立站立（膝頭不可彎曲），然後向前彎曲，而評估者則從水平面看測試者脊骨兩面對比，有沒有不同，特別是左右高低同一水平。如果有明顯高低的話，那就表示測試者可能有脊柱側彎。

脊椎側彎的治療方法

脊椎側彎的治療方法可分為非手術治療（保守治療）和手術治療兩種。從脊醫的角度出發，通常治療可以包括脊科手法治療、儀器治療及合適而針對性的運動治療。對於較嚴重患者，脊醫可能會建議佩帶針對性的矯形支架。每一個側彎的情況都各有不同，所以針對性運動也各不相同。

因此非常建議多加注意自己及兒童的脊骨，一旦發現異樣應及早求醫。越早接受治療，改善側彎的空間及機會越大。

陳允灝
脊骨神經科醫生
加拿大紀念脊科醫學院脊骨神經科博士
香港註冊脊醫

腰椎間盤突出

　　椎間盤是脊椎骨與脊椎骨之間的軟組織，作用是擔當脊骨的避震及增加脊骨的靈活性。當我們做任何垂直負重的動作時（如打球、步行、跑步及搬運等），椎間盤都會吸收和卸去一部分的壓力，減少脊椎骨的受力和退化。如果我們給予它一次過大或重複性而較小的擠壓，它便會在一些較弱的位置突出來，嚴重的話更會壓到神經線，引致不同程度的神經痛，如：酸、痛、麻及無力等等。

　　要預防椎間盤突出，最重要的就是保持良好的姿勢，特別是要避免一些腰部向前彎的動作，如：洗頭、刷牙及搬運等，可能的話應以前後腳或屈膝來替代。當然，更不應該做一些向前彎腰的伸展運動了。除此之外，正確的坐姿亦同樣重要，坐的時候應盡量依著椅背而坐，而椅背的理想角度是 110 度，如果椅背太硬或太直而不能緊貼腰部的話，便需加上一個護背椅墊或乾脆把椅子換掉。每次坐著的時間也不宜太長，最少每 25 至 30 分鐘應小休 10 至 15 秒，做一些簡單的鬆弛性運動，這便可大大減少腰椎間盤累積的壓力。日常生活中，游泳也可減少腰椎間盤的壓力，同時又可鍛鍊心肺功能，一舉兩得。

對於腰椎間盤突出的患者，向後的伸展運動才是最合適的，以下便是一個向後伸展來鍛鍊腰肌的運動（Back Extensor Strengthening Exercise），可有效地強化腰背的肌肉：

1. 俯仰在地上或運動墊上，雙手放在頭部兩側；
2. 雙手握拳，以手肘作支撐（或可雙掌向下平放，以手掌作支撐，手肘保持畢直）；
3. 用腰力及腹力將上半身慢慢抬起，停留 15 秒後，放鬆身體，回復原來的位置，重複 6 次。

做這運動的時候要注意腰後方肌肉應有收緊的感覺，才能正確鍛鍊到腰部的肉。

最後，當然應該定時給脊醫檢查脊骨，矯正錯位的關節，當每一個關節都在正確的位置運作時，椎間盤所承受的壓力便自然減少，突出的程度亦會因而改善。

鄭韻琪
脊骨神經科醫生
澳洲莫道克大學脊骨神經科醫學學士
澳洲莫道克大學脊骨神經科科學學士
香港註冊脊醫

上交叉綜合症

　　現今都市人常用電腦及智能電話上網，在街上常常見到低頭用智能電話的人。有統計指出香港人每日平均利用電腦及智能手機上網時間為大約 6 小時。長時間用電子產品通常令人產生頭部前傾、圓肩及寒背等姿勢，這些人被俗稱為低頭族，而醫學上則稱這些不良姿勢為上交叉綜合症（Upper Cross Syndrome）。

什麼是上交叉綜合症

　　上交叉綜合症患者由於長期姿勢不良地使用電腦及智能電話，或運動時過度鍛煉胸肌，引致上半身肌肉不平衡。

患者姿勢：

　　1. 頭部向前傾；
　　2. 由於肩胛骨姿勢向前及向上隆起，形成雙肩向前輕微內旋，從頭向下看身體呈半圓，形成圓肩；
　　3. 上背向後突出隆起。

　　以上姿勢是由於胸大肌（Pectoralis Major）、上斜方肌（Upper Trapezius）和提肩胛肌（Levator Scapulae）縮短拉緊，而頸前深層肌肉（Deep Neck Flexor）和背部中、下斜方肌（Middle and Lower

Trapezius）、菱角肌（Rhomboid）和前鋸肌（Serratus Anterior）因過度伸展拉長而無力。從側面看緊張的肌肉和無力肌肉連接起來變成「X」字，這就是上交叉綜合症的名字由來。

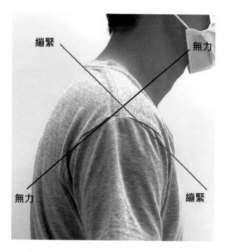

圖中可見繃緊的肌肉和無力的肌肉連成「X」

上交叉綜合症的影響

上交叉綜合症的肌肉不平衡改變了頸椎及胸椎的正常弧度，頸椎弧度前凸減少（Hypo-lordosis）及胸椎弧度後凸增加（Hyper-kyphosis），形成上背部隆起及頭部前傾。

在正常姿勢下，頸椎大概承受著 10 至 12 磅的重量。當頭部傾前 15° 時，頸椎壓力便增加一倍，前傾 30° 時兩倍，60° 時更高達六倍即差不多 60 磅的重量。試想像當你的頸椎長時間受到這麼大的壓力時，會對脊椎關節及周邊軟組織造成什麼影響？頸椎及胸椎關節因壓力增加，容易導致脊椎關節出現錯位（Spinal Subluxation）。關節錯位意思是關節移位卡住而失去正常活動及功能，繼而影響相對應的神經出現功能性失調引起不同症狀。

上頸椎（C1-C4）錯位可以引起偏頭痛、眩暈、頭痛頭暈、眼痛眼乾、耳鳴、耳後疼痛、頸痛、肩膊痛及胸悶等。下頸椎（C5-C7）錯位側令患者出現上臂、上肢外側後側酸麻痺痛及肩膊滑膜炎等。上胸椎錯位（T1-T7）引致以下的身體毛病：上臂後側痛、肩胛痛、胸悶、胸痛、心紋痛、上臂痛及胃痛等。所以上交叉綜合症患者通常出現頸背痛、頭痛頭暈、上肢痺痛、胸悶和呼吸困難等症狀。

如何改善及預防上交叉綜合症

如果因上交叉綜合症而引起身體任何不適，建議盡早尋求脊醫的檢查和治療。脊醫會根據患者的姿勢和症狀，特別是因脊椎錯位作出適當的手法治療及軟組織治療以減低不適。另外，脊醫亦會教導患者一些伸展及強化肌肉的運動來改善上交叉綜合症的姿勢，減低症狀復發的機會。

要預防上交叉綜合症，建議平時使用電腦或電子產品時要注意姿勢，注意電腦和辦公桌的擺放位置，至少每 30 分鐘至一小時需要停下來休息放鬆伸展。另外，做肌肉訓練不應只著重胸肌的鍛煉，亦要多鍛煉背部肌肉，運動後要多做伸展運動放鬆繃緊的肌肉。

參考文獻：

1. Khaliq, A., S. Yaqub, F. Islam, A. Raza, A. Batool, and S. Jamil. "Risk factors associated with upper cross syndrome in females of age 25-50 years: A population-based case control study". Khyber Medical University Journal 2021; 14(4):201-5.

2. Yip CHT, Chiu TTW, Poon ATK. The relationship between head posture and severity and disability of patients with neck pain. Man Ther 2008;13 (2):148-54.

3. Ming Z, Närhi M, Siivola J. Neck and shoulder pain related to computer use. Pathophysiology 2004;11(1): 51-6.

4. Eun-Kyung Kim, Jin Seop Kim, Correlation between rounded shoulder posture, neck disability indices, and degree of forward head posture, Journal of Physical Therapy Science 2016; 28(10): 2929-2932.

5. Mohammad B, Foad S, Hooman M, Lars LA, Phil P. The effectiveness of a comprehensive corrective exercises program and subsequent detraining on alignment, muscle activation, and movement pattern in men with upper crossed syndrome: protocol for a parallel-group randomized controlled trial, Trials. 2020; 21: 255.

6. Nesreen F M, Karima A H, Salwa F A, Ibraheem M M, Anabela G S. The Relationship Between Forward Head Posture and Neck Pain: a Systematic Review and Meta-Analysis. Curr Rev Musculoskelet Med. 2019; 12(4): 562–577.

7. Lamb, K. (2019, Feb 1). Philippines tops world internet usage index with an average 10 hours a day. South-east Asia has three countries in the top five, while Japan comes in last. The Guardian: international edition.

8. https://www.theguardian.com/technology/2019/feb/01/world-internet-usage-index-philippines-10-hours-a-day

9. https://www.becomehealthier.com/wp-content/uploads/2019/07/Vertebral-Subluxation-and-Nerve-Chart.pdf

邵力子
脊骨神經科醫生
美國派克大學脊科醫學博士
美國西密西根大學體育碩士
國立台灣師範大學體育學士
香港註冊脊醫

S 型的魔鬼身段 ——
可能患上下交叉綜合症

　　走在繁華的都市，不難看到很多女士們愛穿著高跟鞋在街上，令臀部明顯翹起來，從而擁有 S 型的魔鬼身段而感到自豪。另一邊廂也發現不少人士是盆骨過度往前傾，令腰椎前凸，同樣也令臀部翹起來。請不要輕視這樣的身體外型變化，可能是患上近年流行的下交叉綜合症（Lower Crossed Syndrome）。

　　所謂下交叉綜合症，是指從側面看我們的腰椎弧度過度向前凸，而盆骨亦明顯向前傾斜，屬於一種因肌肉不平衡而引起生理弧度異常的狀態。主要原因與長期穿著高跟鞋、中廣型肥胖（腹部為主）、懷孕、姿勢不良及久座而缺乏運動人士相關。從而導致相關肌肉群組不平衡，令腰盆弧度產生不良狀態。

　　從肌肉去分析此症狀，導致腰椎過分前凸，主要受到腹部腹直肌（Rectus Abdominus）過度延長而無力；相反腰部豎棘肌（Erector Spinae）過度緊繃而縮短。同樣導致盆骨前傾之主因，為髂腰肌（Lliopsoas）過度緊繃而縮短；而臀大肌（Gluteus Maximus）則過度延長及無力。這種下交叉綜合症屬於偏離正常體態，這類人士往往有明顯的骨盆前傾和腰椎過度前彎，從表面上會誤認為臀部很翹

腰很挺，但實情卻是因為臀部與腹部肌群失去原有的張力，而豎棘肌及髂腰肌之代償作用，逼使腰椎過度後彎的結果。由於這四組肌肉從身體側面看去剛好在下半身形成一個交叉，所以醫學界便直接將其命名為下交叉綜合症。

不要少看單是姿勢問題，如此異常姿態長期維持，會增加身體關節的壓力，特別是集中於腰椎第四（L4）及第五（L5）之間，以及第五腰椎（L5）與第一薦椎（S1）關節之間，不正常受力之位置，導致關節周圍之韌帶及肌肉受損，可引致關節勞損、錯位及退化，更有機會帶來脊椎神經受壓，影響坐骨神經及導致下肢麻痺及疼痛。除影響脊椎外，膝關節同樣也有機會受到影響，由於重心之改變，會令膝蓋過度伸直，容易產生髕骨疼痛症候群，而導致膝關節軟骨退化，嚴重者會有膝關節變形及退化徵狀發生，帶來嚴重後果，不容忽視。

脊醫在治療下交叉綜合症時，會以治標治本概念為原則，由於這是上述四組肌肉失衡導致，所以應首要著眼於改善生活習慣，將引起此症之不良姿勢戒除。當然針對性之適當運動是需要的，將過緊的肌肉透過伸展運動而拉鬆，將減弱了的肌肉配以阻力訓練運動增強，才能達到真正平衡，徹底根治這個病患。當然少不了脊醫的脊科手法矯正治療，將處於長期壓力及錯位的關節回復正常狀態，紓緩受影響的神經系統或軟組織，特別是已經出現徵狀的人士最為有效。

但重點是要小心地診斷出各組肌肉的失衡程度，使用最適合的治療方法及運動療法。切忌盲目亂做運動，既不能有效改善病情，更有可能加深各肌群之間的失衡，使病症更難治癒。如有任何疑問，請向你的專業註冊脊醫查詢。

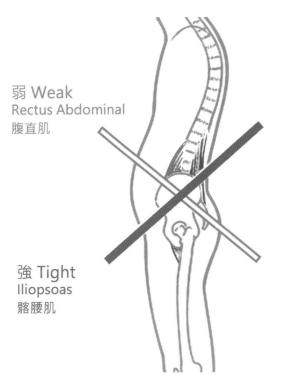

弱 Weak
Rectus Abdominal
腹直肌

強 Tight
Erector spinae
豎棘肌

強 Tight
Iliopsoas
髂腰肌

弱 Weak
Gluteus maximus
臀大肌

梁宇源
脊骨神經科醫生
澳洲墨爾本皇家理工大學脊醫學學士
健康科學學士
香港註冊脊醫

脊椎側彎是步姿問題？

　　很多人都有脊椎側彎，以及走路步姿的問題，小心是脊柱裂閉鎖和腰骶椎過渡的神經肌肉性脊柱炎。華盛頓大學《放射科報告期刊》2022 年 9 月刊登的一項香港學術論文，指出一些天生脊柱缺陷的潛在影響，以及它們對成長中的脊柱產生相當大的後果。

　　一名 12 歲的男孩因脊柱畸形和步態笨拙而就診。他的母親說，他走路時不是把重量放在腳跟上；他從座位上站起來沒有困難，但很難站直。此外，他在參加學校的體育活動後反覆出現下背部痛。其家庭成員病史中沒有任何神經系統的問題。從小開始，他就看了幾個兒科醫生和神經科醫生，排除了患有神經系統疾病的可能。12個月前，他的症狀迅速惡化，並嘗試使用踝足矯形器。在過去三個月裡，他還在學校的「青少年特發性脊柱炎篩查」中接受治療。治療包括物理治療、拉伸和強化訓練（包括腳跟行走和下蹲，在斜坡和不平坦的地形上行走，以及原地踏步）。上述治療只產生了很小的效果。此後，他被母親帶到脊骨神經科進行諮詢。

　　就診時，男孩以左直膝和腳尖行走。姿勢分析顯示左肩下垂，向前彎腰，背部平坦，左側和前側骨盆傾斜，以及功能性長短腳。覆蓋在腰骶部的皮膚顯示出一個帶有毛髮斑點的凹陷。X 光照片顯示右胸腰椎彎曲，側彎角度為 20°，左骨盆傾斜 15°，L5 椎弓和 S1

椎板不融合，雙側 L5 橫突與骶骨假性銜接。他被診斷為有脊柱裂閉鎖和腰骶椎過渡的神經肌肉性脊柱炎。

脊骨治療包括：脊柱手法治療、機械性脊柱牽引、頸椎伸展、壓縮牽引和器械輔助的軟組織治療。為了矯正脊柱側彎，以及肩部和骨盆的不平衡，在脊柱側彎的頂點和受限的椎體部分進行了脊柱頂點治療。在側面應用機械牽引，以抵消脊柱彎曲，糾正凸面的脊柱側彎。實施頸椎伸展及壓縮牽引以調整異常姿勢。

治療四週後，頸部的運動範圍得到了改善。隨後，在每次治療過程中都對繃緊的肌肉進行了特定的拉伸。在另外五個月內，每週進行兩次治療。在六個月的回訪中，脊柱活動度恢復正常，背部疼痛完全緩解；步態和軀幹姿勢明顯改善，患者能夠將腳平放在地板上。患者僅在站立時表現出最小的不平衡。每週繼續治療一次，以保持糾正後的效果。在第 11 個月治療中，他的脊柱側彎繼續得到改善。他訂製了一個足部矯形器，幫助行走時腳的支撐和平衡。孩童繼續每週一次矯正，又持續了六個月，並逐漸恢復了正常活動。在第 18 個月的重新評估中，脊椎側彎成功地完全治癒、從腳跟到腳趾的步態和姿勢平衡。

脊椎矯正型態是為了治療脊柱畸形和步態笨拙，防止進一步的神經系統併發症。根據國際脊柱側彎矯形和康復治療科學協會的指南，保守治療的成功是指防止曲線進展 ≤5°，甚至是曲線比基線值下降 ≥6°。對該患者採用由多模式干預組成的脊骨治療，通過加強核心肌肉，調整脊柱負荷和身體姿勢，讓合理的功能支持身體的自然排列，從而恢復適當的脊柱弧度及步態。足部矯形器有助於平衡基礎和穩定骨盆，也有助於改善姿勢和步態功能。

鄧家祥
脊骨神經科醫生
南威爾斯大學脊醫神經醫學綜合碩士
香港註冊脊醫

寒背易成骨刺
護脊有法由小做起

　　現時社會科技越來越進步，不論坐車或走路，都市人總一機在手，低頭專注，甚至有不少家長，為了讓孩子安靜下來不亂跑，就給他們拿著手機或平板電腦，整日玩遊戲或看視頻，以換來寧靜。可是，家長們往往忽視孩子們遇到的隱性危機。孩子平日上學背著沉重的書包，走路時若只專注地低頭看手機或平板電腦，不良的姿勢會危害他們的脊骨健康；時間久了，更有機會演變成「寒背」，甚至生骨刺。美國華盛頓大學《放射科學案例》2022 年 3 月刊登的一項香港學術論文，描述的學童「文字頸」是指頸椎過度使用而導致的損傷，這正是低頭看手機屏幕時，頭部長期前屈的重複性壓力所造成。

　　一名長期上網的患者，因頭頸部疼痛和右上肢麻痺而就診 12 個月。在過去三年，嚴重依賴智能手機，經常駝背在網站編輯博客和視頻。一天至少 16 小時，用於工作資源和個人任務。他每隔 10 分鐘就會查看一次屏幕。之前一年，曾經出現類似的症狀，並看了他的家庭醫生。頸椎 X 光片顯示頸椎前凸減少，椎體面和未覆蓋的椎體關節退行性增生，顯示有頸椎病。這一次，他突然只能保持抬頭一分鐘，並且無法在不疼痛的情況下移動脖子。這些新的困難迫使他尋求脊骨神經科治療。

在最初的評估中，患者表現為頸部的僵硬姿態。他有頭頸部疼痛和從右肩到前臂外側和手部的間歇性麻木。

患者被教導要經常休息，並在發短信時將智能手機舉到眼睛的高度。治療干預從頸椎操作開始，以釋放肌肉痙攣和椎體間的限制，重新矯正頸椎活動度，並減輕神經系統的功能障礙。第一階段的治療安排為每週三次。第一個月後，他的頸部疼痛減少了 60%，所有的神經系統症狀在兩個月內得到了解決。在第九個月的重新評估中，症狀和功能的改善反映在 X 光頸椎曲線矯正的影像學變化上。

隨著移動／智能手機使用年齡下降和採用率不斷增長，發手機短信和玩遊戲變成一種生活方式和健康問題。研究顯示，過度使用智能手機，導致用戶的頸椎明顯彎曲，即「短信頸」。成人頸椎屈曲的支點在 C5/C6 水平。頸部屈曲 0° 至 15° 類似於頭正對著肩膀，這時對頸部肌肉的壓力是可以接受的低。靜態和屈曲的頸部姿勢會導致肩頸後部肌肉組織（頸椎直立肌和枕下肌、肩胛骨上提肌、半月板肌和斜方肌）的持續勞損，產生緊張性頭痛、頸部和肩部疼痛、顳下頜關節疼痛，以及宮頸和上胸運動範圍的減少。持續彎曲的壓力也會使後方的韌帶結構鬆弛，導致椎體間的不穩定、退行性脊柱病和椎體滑動。長遠來看，駝背和變直的頸部可導致神經系統的塑性變化，造成感覺神經和運動神經整合缺陷和進一步的功能障礙。

頸部的持續屈曲會導致頸椎扭曲。由於年幼孩子處於發育成長期，骨骼柔韌度較高，一般情況下很難察覺到有寒背甚至骨刺的問題。當孩子長大，骨骼開始定形，不良姿勢及長期勞損的影響便會開始浮現，矯正頸椎錯位後可以改善神經系統症狀。

梁啟彥
脊骨神經科醫生
澳洲墨爾本皇家理工大學脊醫學士
香港註冊脊醫

腰部手術後仍然背痛？
手術失敗症候群

　　許多人以為手術之後腰部疼痛一定會得到改善。事實上，有部分患者做過腰部手術之後得了手術失敗症候群。《醫學科學監測》2022年刊登的一項香港學術論文，指出手術失敗症候群的患者在脊椎矯正的多模式護理下得到改善，對年齡小、症狀持續時間短、基線疼痛或殘疾程度高的患者更有效。

　　「持續性脊柱疼痛綜合症」是國際疼痛研究協會提出的一個新術語，用於定義脊柱的慢性或復發性疼痛，取代了舊的「手術失敗症候群」。有20%至40%接受過脊柱手術的患者，在術後仍受腰痛影響。儘管患者人數不斷增加，且呈老齡化趨勢，但對該病的最佳治療方法尚無共識。脊椎矯正治療是最常見的治療腰痛方法，可以改善椎關節的活動能力或抑制疼痛信號的傳遞。

　　其中一名44歲依賴輪椅的婦女在彎腰撿起一疊文件後，右腰痛了四個月，該患者數年前曾接受過椎間盤後路減壓（L4/5和L5/S1），她形容當時的疼痛為8/10，由右邊臀部延伸至右邊小腿，久坐和彎腰會加重疼痛。這病人回到她以前的骨外科醫生求診，但被拒絕了進一步手術。巴氯芬（一種肌肉鬆弛劑）和曲馬多（止痛藥）

開了，但沒有幫助。期間她也嘗試過理療、針灸、中醫治療和替代藥物，但無濟於事。她的活動能力受到限制，無法獨自上下班。

於是她改為向脊醫求助，脊骨檢查包括了解病史和進行體格檢查。這包括進行骨科和神經科的評估，查看以前的影像資料。透過檢查病人的運動範圍、感覺和運動功能以及肌肉伸展反射，姿勢或神經動力學動作，如：直腿抬高，也會進行測試。除此之外，通過觸診脊柱，以評估椎體間的活動度和／或壓痛。

選擇以脊骨治療以減輕發炎腫脹，拉伸並放鬆緊繃的肌肉，恢復受限的運動脊柱，並通過重新教育感覺運動系統本體感受練習。多樣化的脊椎療法調整、屈曲牽引和超聲振動。這最初的計劃頻率是每週五次，然後改為每週三次。在接下來的三個月裡，脊醫注意到她的進步，報告顯示她的疼痛逐漸減輕，藥物依賴減少。那時她能夠回復日常生活活動。第二階段治療每週進行兩次。六個月後，專注於改善肌肉下肢力量和胸腰關節功能。隨後維持治療每週一次，五年的回訪，患者有顯著改進。

這次研究顯示，所有患者的疼痛指數和殘疾指數都有明顯改善，沒有患者報告任何嚴重的不良副作用。55% 病患在治療後完全解決所有症狀，沒有疼痛或腰部相關的殘疾。在治療後一年的檢查，48% 患者還可以在護理期間持續獲得改善，但是也有 42% 出現復發症狀。

持續性脊柱疼痛綜合症患者在接受脊柱矯正後有明顯改善，對年齡小、症狀持續時間短、和／或治療前疼痛或殘疾程度高的患者更有效。

莫芷君
脊骨神經科醫生
澳洲墨爾本皇家理工大學脊醫學學士
香港註冊脊醫

脊骨治療緩解神經纖維瘤病疼痛

《澳洲脊骨神經醫學期刊》2022 年刊登的一項香港學術論文，提供證據並強調脊骨神經科在改善神經肌肉功能和解決 1 型神經纖維瘤患者頸源性頭痛方面的價值，特別是當這些問題無法通過藥物或其他保守手段有效解決。脊骨治療是作為神經纖維導致的肌肉骨骼功能障礙的保守治療。

一名 25 歲售貨員，10 年前被皮膚科醫生診斷為 1 型神經纖維瘤病（NF1），抱怨頭部和頸部右側疼痛達六個月。症狀在寒冷天氣下加重，精神緊張時也會加重。他沒有外傷或其他神經系統疾病的病史。患者還對他皮膚上的無痛性腫塊（神經纖維瘤）感到擔憂，這使他感到痛苦。

他說頭痛的感覺像右額周圍的動脈擠壓，持續約一小時，每天二至三次，在之前的一個月影響睡眠和日常活動。他腦部核磁共振成像和神經學評估對他的頭痛是陰性。他曾被一位臨床心理學家巧合地診斷為注意力缺陷障礙和學習障礙。他的主治醫生給他的診斷是慢性頭痛。非甾體抗炎藥、抗驚厥藥、麻醉藥、物理治療、針灸和心理治療曾被用來控制他的頭痛，但沒有提供足夠的緩解，並被停止使用。他的治療依賴的是單純的鎮痛劑。

脊骨檢查顯示頸部活動範圍受限，頸椎前凸消失。背部皮膚上有幾個扁平的淺棕色斑點。雙側背部和上肢出現多個柔軟的藍色結節狀病變（皮膚神經纖維瘤）。體檢發現雙側 C3-7 頸伸肌有壓痛和強直，頸伸活動範圍受限至 40°（正常參考值 >60°），旋轉 50°（正常參考值 >80°）。他被診斷為頸椎性頭痛。

　　脊骨治療的目的是減少疼痛、放鬆肌肉和恢復脊柱活動能力。患者開始了定期的脊骨矯正治療，包括熱超聲治療、高速低振幅的頸椎矯正及皮膚接觸的手動調整，在最初的六天裡每天治療，以緩解疼痛。三個月後，他的頸椎疼痛明顯改善。在三年的追蹤之內，並沒有任何副作用。甚至在之後的 X 光片上面看到頸椎弧度也改善了。

　　肌肉骨骼痛症是 NF1 最常見的臨床表現，被認為是由骨質疏鬆症、椎管內神經纖維瘤侵蝕和浸潤骨質以及內分泌功能紊亂引起。脊柱側彎是 NF1 患者最常見，也可能與骨質疏鬆症和隨後的骨骼發育不良有關。NF1 患者需要通過 MRI 或 CT 掃描進行常規評估，以準確確定畸形，而那些有肌肉骨骼功能障礙的患者應與家庭醫生或脊醫進行適當的聯合管理。這個研究又證明了脊骨神經科可以在治療 NF1 患者的頸部疼痛和脊柱畸形中發揮作用。脊骨神經科的湯普森下降技術曾經被描述為對 NF1 患者的腰痛有效，脊骨神經科的頸椎屈曲 - 牽引技術被證明對解決患者的頸椎關節限制有效且安全。脊椎矯正可以糾正脊柱功能障礙，緩解關節粘連，調動受限組織，促進軀幹肌肉力量，並可能釋放被限制運動的神經。

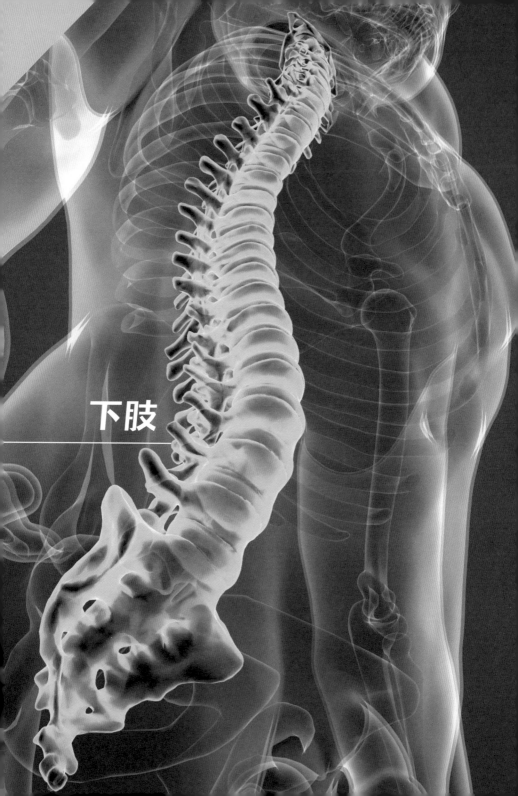

下肢

黎其琳
脊骨神經科醫生
澳洲皇家墨爾本理工大學脊醫學碩士
香港註冊脊醫

膝關節滑囊炎

患者小檔案

年齡：56 歲

性別：男

職業：裝修師傅

病徵：從去年開始，早上起床落地時，雙膝便感到僵硬及痛楚，近
　　　月病情加劇，走路或上下樓梯都舉步維艱

確診：退化性膝關節炎

　　任職裝修師傅的 56 歲張先生，從去年開始，早上起床落地時，雙膝便感到僵硬及痛楚，當時只要服用一般止痛藥，便可紓緩痛楚，但近月病情加劇，走路或上下樓梯都舉步維艱，於是決心求醫，證實患上退化性膝關節炎。

懶人包：因關節慢性勞損而引起

　　膝關節炎主要分急性和慢性，其中退化性慢性關節炎是造成本港長者行動不便的主因之一，停經後的婦女因荷爾蒙水平下降，更成為病發率最高的一群。患者的關節一般會出現長期痛楚及腫脹，常見退化性膝關節炎的症狀還包括膝關節僵硬、因痛楚及腫脹令患

者不能久站、走遠路、或上下樓梯時要用很大的力氣，甚至有時會痛至影響睡眠等。此外，膝關節發炎可能會引致膝關節發出「咯咯」聲響，膝關節會疼痛或造成錯位。

退化性關節炎是一種因關節慢性勞損而引起的關節發炎，其成因是隨年紀增長，關節液的分泌減少，加上長年累月因各種日常活動過度使用關節，使骨頭互相磨擦，造成軟骨勞損變薄。如體重過重和平時活動姿勢不正確，會使病情加速惡化。

第一招：保暖關節適時休息

關節對人體活動十分重要，寒冷天氣要保養關節，可由保暖方面著手。保暖關節能緩解僵硬、疼痛，例如要避免清早起床或任何時間的膝蓋關節疼痛，可穿長褲、戴護膝保暖。

針對僵硬的關節，亦可進行局部熱敷，如敷電毯、敷熱墊、泡熱水、敷熱毛巾或暖包。

每當走路或運動了一段時間，膝關節炎患者應作適時休息，讓雙膝放鬆一下。

第二招：增加肌肉韌帶強度訓練

增加肌肉和韌帶強度，可提升關節靈活度，從而減輕關節軟骨的負荷。日常定時進行運動訓練，有助達至緩解關節炎效果。就膝關節而言，應集中進行大腿肌肉訓練，例如拉小腿和踮腳尖等動作，如感到十分疼痛則應該停止，以免受傷。

病人亦可考慮進行水中訓練，以水的浮力保護負重很大的膝關節，同時亦可進行阻力訓練，提升運動效益。

　　由於膝關節炎患病的關節較僵硬，做任何運動前必須熱身，有需要可以先熱敷患處，亦要留意運動姿勢正確，以免造成進一步惡化或其他腰背痛症。

谷德俊
脊骨神經科醫生
澳洲麥覺理大學脊骨神經科醫學學士及碩士
香港註冊脊醫

足踝扭傷（拗柴）與脊醫的
全人治療（Holistic Approach）

原來拗柴都跟脊醫有關？這是我執業以來常常被問到的問題。沒錯，原來脊醫除了能夠治療脊椎上的毛病外，在四肢上的勞損以及常見的運動創傷亦能提供專業的診症及治療。

足踝扭傷的普遍性（Prevalence）

拗柴是十分常見及普遍的病症，大家從小到大就算未經歷過，也必會聽過身邊有朋友拗柴，特別是熱愛運動的朋友。研究指出，足踝扭傷佔所有運動創傷中 15%，僅次於肌肉拉傷，是最常見的運動創傷之一。而值得注意的是，70% 拗過柴的人會有慢性踝部不穩定現象（Chronic Instability），令足踝更容易再次扭傷，亦即常說的「再拗」。重複扭傷的腳踝會有較大機會造成骨刺增生及提早退化，甚至影響許多運動員的運動生涯。因此，不要輕視看似簡單的扭傷，欠缺適當診斷及治療，分分鐘會對身體帶來深遠影響。

脊醫對足踝扭傷的診斷及檢查

每次檢查足踝扭傷時，最重要是先排除骨折的可能性。脊醫會先透過問診了解受傷的經過及嚴重性，並透過檢查腳腕的幅度及腫的程度等，判斷有沒有骨折的可能性，如有懷疑就會轉介去做 X 光或 MRI。

在排除骨折的可能性後，脊醫會進行一系列功能性檢查，並且不只是腳踝部分，甚至連膝頭、寬關節，以及腰椎等都會檢查。因為原來人受傷的時候，身體會慣性地使用其他關節、肌肉去保護及輔助受傷的足踝，但時間長了，有機會變成錯的習慣以及肌肉的不平衡（Compensatory Pattern），更容易發生其他痛症及毛病。所以及時發現身體的不平衡及壞習慣對治療及防止再次受傷十分重要，而這就是脊醫中全人治療的理念。

足踝扭傷的治療

一般對足踝扭傷的治療分為三部分，第一部分為消炎止痛，第二部分為修正因受傷而改變的姿勢模式，第三部分為足踝的復健。

在消炎止痛的階段，脊醫會使用不同的儀器，例如：干擾波、超聲波及衝擊波等，達到消炎止痛的效果。

在消炎的同時，脊醫亦會利用手法，放鬆錯誤發力的肌肉，以及調整不平衡的關節，從而改善足踝以外關節受力及發力的習慣，修正因受傷而改變的姿勢模式，防止其他關節的勞損及痛症的產生。

最後，剛才亦提及過約 70% 曾經拗柴的病人會有慢性足踝不穩的現象。因為大多數病人在痛楚消失以後便以為完全康復，但忽略了腳腕的穩定性。適當的復康運動能喚醒因受傷而變弱的足踝小肌肉，這樣才能避免一些像走在不平穩的路上感到腳腕不穩定，甚至是腳腕重複扭傷等情況出現。

總結

看似簡單又常見的足踝扭傷其實暗藏不少治療上的學問。很多人只是在家休息數天，待炎症消去以後便回到賽場上比賽運動，引致更嚴重的傷痛發生，這種情況實在屢見不鮮。

其實近年脊醫在運動場上的參與亦越來越多，無論在外國及香港均有不少脊醫是球隊的軍醫，甚至是國家隊醫療團隊的一份子。希望看完這篇文章的朋友們在下次扭傷的時候能知道治療的流程及要注意的事項，亦能考慮讓專業的脊醫去提供治療。

楊雋頎
脊骨神經科醫生
澳洲莫道克大學脊骨神經科醫學學士
澳洲莫道克大學脊骨神經科科學學士
香港註冊脊醫

足底筋膜炎

　　經常聽到診所的患者說：沒想過足底筋膜炎可以這麼誇張的痛！

　　劉小姐因工作關係常要坐在辦公室對著電腦工作，偶爾外勤，又需要站立一整天；平日愛穿平底鞋或沒有足夠鞋墊支撐的帆布鞋，起初右腳跟經常感覺疲累，以為一如過往行得多所致，沒有太理會，但後來越來越痛，慢慢地步行間突然像有針刺般。

　　「好似有一到重力錐落腳底般，痛到會令腳縮一縮，這種情況尤其在行一段較長時間，或坐長途巴士後踏在地上的那一下出現，因為朋友曾試過足底筋膜炎，病徵與此大部分相似，例如早上落床觸及地板一刻特別痛。」

何謂足底筋膜炎？影響哪些範圍？

　　足底筋膜炎是指腳底筋膜因勞損或重複受傷而引起的炎症。腳底筋膜是一層覆蓋腳板的扇形厚纖維，此一堅韌的筋膜組織由腳前端的五個蹠骨（Phalanges）一直延伸至腳跟骨（Calcaneum）內側，它的作用是維持腳弓，使腳底成一弓箭狀，拉緊跟骨及足部，在足部承受體重的壓力時，仍然能夠維持腳弓的形狀，也使足部能夠維

持彈性，在行走或跑跳時能夠吸收來自地面的反作用力衝擊。足底筋膜炎患者最初出現的徵狀只是腳跟酸痛冤边，惡化時會感到腳底刺痛。

常見原因是什麼？

因為過度勞損，例如體重過重、長時間站立或行走跑步；或結構上有導致足底筋膜不正常拉力之因素，例如扁平足、高弓足或穿著過高的高跟鞋。這些過度的拉力都會使腳底筋膜受傷，反覆踩地的動作也會增加對足底筋膜的刺激，進一步造成急性或慢性發炎。

病徵及高危群？

最典型的徵狀是早上落床，當腳第一步觸及地面，即感到腳底有如被千支針刺，非常刺痛，雖然步行數分鐘後痛感會漸漸減退，但是時間久了痛楚又會浮現，病情長此下去，最終會引致足跟起骨刺。高危群包括：一‧過重；二‧扁平足；三‧穿著高跟鞋的女士（如空姐、OL），以及平常穿平底鞋者，足底弧度支撐不足，筋膜長期磨擦導致發炎；四‧經常站立工作的人士（如侍應、導遊、保安、廚師以及銷售員）；五‧運動員過度操練都有機會患有此症。

若是常發性長期慢性疼痛，脊科治療可調整腳部關節的平均受力，紓緩筋膜的張力，鬆弛筋膜四周部位，和增加筋膜的活動及減輕痛楚。輔以超聲波、干擾電波及衝擊波等增加腳底血液循環，能有助消炎和減痛。同時間患者可以訂造矯形鞋墊改善腳步承托力，日常多做足部運動鍛煉足部及腳掌筋肌；並應保持良好的站姿，避免損害足部及腳掌。

將哥爾夫球放在腳底滾球能夠紓解陣痛並促進血液循環。初期的病徵，可藉由適當的休息、滾球及冰敷得到紓緩效果。

　　病人行走時為了避免腳跟疼痛而作出步姿相應的改變，正常的步態產生異常情況及腳步著力的不當，令髖、膝及腳踝等關節產生問題，而下背痛和頸部痛症也常與腳底筋膜發炎有關。避免這些連帶關係，如有類似毛病建議提早尋醫。

鄭俊豪
脊骨神經科醫生
馬來西亞國際醫藥大學脊醫學士
香港註冊脊醫

扁平足預防有法
把握二至八歲足弓發育期

患者小檔案

年齡：7歲

性別：男

職業：學生

病徵：每次上完體育堂後，腳都會好痛。另外，平時不太願行路，
　　　走兩步便「嗌攰」

確診：扁平足

　　七歲的軒軒每次上完體育堂後，都會向媽媽投訴腳很痛，再加
上他平時不太願行路，走兩步便「嗌攰」，父母便懷疑他可能有扁
平足問題，於是便前去求診。經過一輪檢查後，發現是扁平足引起
的痛症。

懶人包：扁平足分先天後天兩種

扁平足又稱足弓塌陷，是指當雙腳站立時內側足弓消失，腳底的拱橋呈現扁平的結構性缺陷。扁平足大致上可分為先天因素和後天因素兩大類：

先天因素：包括先天性跗骨黏合、先天性韌帶鬆弛及遺傳因素等。

後天因素：偏肥及缺乏運動的兒童亦是患扁平足的高危一族，由於足部集中支撐全身的體重，所以當小朋友身體過胖，自然會加劇足弓的負荷，導致承托力不足而出現後天足弓偏低的現象。另一方面，長期進行劇烈的球類運動，亦有可能造成韌帶鬆弛而出現扁平足問題。

八歲以上患者藉矯形鞋改善

扁平足患者較常出現足弓痛、拇趾外翻、肌腱炎（尤其是後脛肌的肌腱炎）及足底筋膜炎等症狀。患者若置之不理或無法找出真正病因，任由症狀持續下去，那麼疼痛的時間會越來越長，頻率也會越來越高，甚至嚴重地影響到生活作息。

兩歲到八歲是內側足弓的發育期，患者可以使用合適的矯正鞋墊以防足弓下陷，而八歲以上的患者，由於骨間關節已無矯正空間，可透過穿矯形鞋改善。家長一旦懷疑子女患上扁平足，應儘快帶小朋友到脊醫診所進行詳細的足部健康檢查。

六個預防扁平足小貼士

- 避免給孩子穿硬底鞋、高跟鞋,建議購買寬鬆一點。
- 避免站立太久或走路時間太長,令足部過勞。
- 不要急於讓孩子學習走路,如果小孩沒有自己想走的意願,不要硬扶著他學走路,有機會引致足弓變形。
- 鼓勵小孩在家中赤腳走路。
- 保持適當體重,避免超重而加重雙腳的負擔。
- 多做一些腳部運動,例如跳繩和用腳尖站立等,從而強化大腿、小腿和足底的肌肉、筋腱及韌帶。

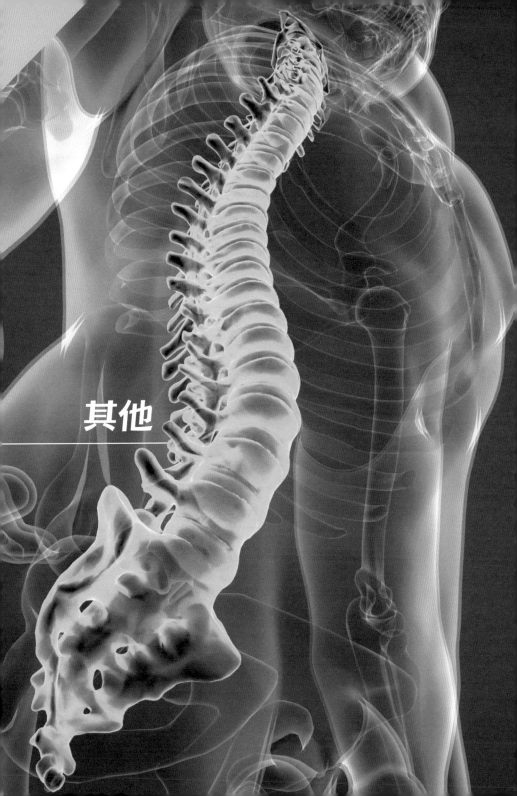

其他

陸嘉寶
脊骨神經科醫生
美國加州克里夫蘭脊骨神經醫學院脊科醫學博士
香港註冊脊醫

脊骨與外周神經的痛症

不知道如果我問大家脊骨在身體有什麼用途，你會不會像大多數一樣答「支撐」？的確脊骨有著非常重要的支撐角色。但在我日常的診症上，似乎脊骨出現問題的時候，第一個失守位並不是支撐而是痛症。究竟是什麼一回事？為何脊骨出現問題，而引致周邊痛楚不適？讓我在此處一一解說。

脊骨乃是處於人體正中位置，脊柱由 33 節獨立脊椎骨一節疊一節形成。脊椎提供整個身體主要支撐，令我們可以自由彎曲和站立等。但更重要的是每一節脊椎骨乃形成一條管道，緊緊包圍著中樞神經。中樞神經乃是由腦部直接伸延到脊骨近腰部，大概終結為馬尾神經於腰椎骨 L1/L2 節。中樞穿過每一節脊椎骨時，乃會以分支周邊神經線的形式去支援身體不同部位所需。周邊神經系統是負責連接中樞神經系統與各器官及四肢，尤其提供神經信息至各部位。

但如果脊骨出現不同的毛病時，周邊神經可以輕易受壓，形成徵狀。試舉例，如果首幾條周邊神經 C1-C3 頸椎周邊神經一至三條受壓時，相對的徵狀也可能浮現，常見的是頸源性頭痛。或第二個位置，腰椎較低 L4-S2 的位置時，就可形成常見的坐骨神經痛。

因此，脊骨的結構和健康狀態其實直接影響身體的周邊神經系統，所以別忘了脊柱保護神經系統這個重要角色，別讓痛症牽住走，乃是準確診斷問題位置，如有需要輔以治療，以達到事半功倍的效果。

何維琪
脊骨神經科醫生
馬來西亞國際醫藥大學脊醫學士
香港註冊脊醫

類風濕關節炎最愛攻擊滑膜關節 頸椎首兩節或成對象

一提到類風濕關節炎，大家都會馬上想到這是一種有關手指和手腕關節的疾病。但它影響的不只一雙手，其實所有關節都會受到影響，有些嚴重的患者甚至連皮膚、眼睛和心臟等都可能遭殃。

懶人包：類風濕關節炎因自身免疫系統失調所致

類風濕關節炎，顧名思義是一種關節病。早期會從手指或腳趾頭等小關節開始發病，慢慢進展到其餘的大關節，通常是兩側相同的關節同時有症狀。那為什麼會有這樣的疾病呢？原來是我們自身的免疫系統出了錯，開始攻擊關節的滑膜。滑膜的功能在於產生關節的潤滑液，增加關節的活動度。當免疫系統錯誤攻擊滑膜後，會讓滑膜反覆發炎變厚，到後來會逐步破壞關節旁的軟骨及硬骨，令關節變形。

年齡：80 歲

性別：女

職業：退休

病徵：20 年前被診斷為類風濕關節炎，手指及頸肩長期都感到痛
　　　楚，最近幾個月感覺頭好像老是抬不起來，走路不太能平衡

確診：頸椎第一及第二節的關節都有半脫位（錯位）的問題，頸椎
　　　的生理弧度變成相反的後凸

頭部老抬不起來　走路不太能平衡

　　為了讓我們的頭部能左右轉動，頭骨、頸椎第一及第二節的關
節設計基本上屬於滑膜組成的。類風濕關節炎最愛攻擊滑膜關節，
超過 86% 的患者的頸椎都會受到不同程度的影響。本個案中的病人
是一位 80 歲的婆婆，20 年前被診斷為類風濕關節炎，手指及頸肩
長年累月都感到痛楚，但她怕長期吃藥有副作用，只會在很痛時才
服用止痛藥。最近幾個月感覺頭好像老是抬不起來，走路不太能平
衡，試了物理治療跟針灸都沒有幫助，於是決定看脊醫。

療程後痛症大幅減輕　能正常抬頭走路

　　經檢查後，發現婆婆的頭骨、頸椎第一及第二節的關節都有半
脫位（錯位）的問題，頸椎的生理弧度由正常的前凸，變成相反的
反凸，後頸肌肉也變弱，所以婆婆感覺頭抬不起來。但由於頸椎的
關節都已嚴重退化及不穩定，所以不能用手法矯正，治療方面只能

輕輕地矯正最接近頸椎的胸椎，用電流刺激後頸肌肉，教婆婆在家做頸部肌肉運動及戴頸圈。完成整個療程後，雖然無法完全治好所有的症狀，但婆婆的痛症已大幅減輕，頸也比較有力地支撐頭部，讓頭部能正常地抬起頭來走路。

參考資料：

Chu EC, Wong AY, Lee LY. Craniocervical instability associated with rheumatoid arthritis: a case report and brief review. AME Case Rep. 2021;5:12. doi: 10.21037/acr-20-131. eCollection 2021. PubMed PMID: 33912801; PubMed Central PMCID: PMC8060151.

黃序凱
脊骨神經科醫生
美國南加州大學脊骨神經科醫學博士
香港註冊脊醫

脊骨矯正是否導致過敏反應？
脊骨矯正成為自身免疫系統
疾病的救星？

　　自身免疫疾病是指因免疫系統失調，原本用來對抗細菌及病毒等外界入侵者的免疫系統，錯誤地「攻擊自己人」，破壞自己體內器官的疾病，如紅斑狼瘡、類風濕關節炎，及本個案中的「重症肌無力症」。

患者小檔案

年齡：51 歲

性別：女

職業：主婦

病徵：本身患有重症肌無力症，因頸痛和腰背痛向脊醫求醫

確診：脊椎錯位

患有重症肌無力症 同時有頸腰背痛

　　本個案的患者是一位 51 歲女性，在接受脊醫治療前已確診「重症肌無力症」，一直服用壓抑免疫系統藥物來治療，後因頸痛和腰背痛向脊醫求醫。重症肌無力症是一種自身免疫系統失調的疾病，當神經要控制肌肉的活動時，需要分泌傳導物質「乙醯膽鹼」（Acetylcholine，簡稱 ACh）到神經肌肉交會點來刺激肌肉收縮，但患上重症肌無力症的病人，自身的免疫系統會佔據或攻擊 ACh 的接受器。ACh 原本要去的地方都被「霸佔」了，神經就無法有效地傳遞「肌肉，你該收縮了」的信息到肌肉，導致肌肉沒法使上力氣。大部分患者初期會在晚上或運動後，因「用盡」了 ACh，令到肌肉無力的症狀變得嚴重。

　　經脊醫檢查及磁力共振顯像發現，患者的多節頸椎及腰椎因「半脫位」（錯位），限制了脊椎的活動範圍及令神經管狹窄。脊醫於是針對患者的脊椎錯位問題，使用手法矯正（Diversified Technique）治療。患者接受了每星期三次的治療，一個月後頸椎及腰椎的活動能力增加，頸跟腰背痛亦消失，而重症肌無力症的症狀出乎意料地也減退。患者接下來的三個月繼續接受脊醫的治療，然後便改為電話跟進。在超過八個月的電話跟進中，患者即使暫停脊醫治療，也沒有出現任何重症肌無力症狀，也不用服藥。

懶人包：脊骨矯正或停止免疫系統攻擊 ACh 接受器

　　這個案患者的重肌無力症症狀得以紓緩，估計因脊醫進行頸椎矯正治療時，刺激到頸動脈竇的感壓接受器（Baroreceptor），激發起迷走神經的消炎反應，從而停止了免疫系統攻擊 ACh 接受器，

間接治療好患者的重症肌無力症。雖然暫時沒有足夠證據證明脊骨矯正能治療重症肌無力症，但上述的治療理論適用於其他的自身免疫疾病上，脊骨矯正可能是未來的治療方案之一。

參考文獻：

Chu ECP, Bellin D. Remission of myasthenia gravis following cervical adjustment. AME Case Rep. 2019;3:9. doi: 10.21037/acr.2019.04.04. eCollection 2019. PubMed PMID: 31119210; PubMed Central PMCID: PMC6509433.

香 香 紐 脊

吳潞樺
脊骨神經科醫生
紐西蘭脊骨神經醫學學士
香港註冊脊醫

受吞嚥困難困擾 3 年，患了大腸急躁症？頸椎治療首週問題獲解決

患者小檔案

年齡：70 歲

性別：女

職業：退休

病徵：頸部僵硬和吞嚥困難

確診：頸椎病兼有垂直寰樞關節錯位

頸部僵硬 連流質食物也難以吞下

　　患者是一名 70 歲的婆婆，大約三年前開始有吞嚥問題，最初吞嚥固體食物十分困難，而在去年開始，甚至連流質食物和水分，也覺得難以吞下，會有窒息的感覺。婆婆的病歷和神經科體檢都無異常，也沒有經歷過重大創傷。耳鼻喉科醫生曾為婆婆進行光纖內視鏡吞嚥檢查（FEES），結果顯示，婆婆的咽部吞嚥功能較弱，但

沒有發現咽部結構異常。她之後一直接受言語治療和針灸，但似乎並沒有太大幫助。隨後，婆婆因頸部僵硬和吞嚥困難的情況到脊醫診所求診。

經過一系列的檢查後，發現婆婆的頸椎、胸椎及其附近肌肉問題如下：

- 脊醫發現她的頸椎活動範圍嚴重受限；
- 脊椎觸診顯示，不少頸椎和胸椎椎骨節段活動幅度變低，上斜方肌、斜角肌和頸椎兩旁肌肉都非常僵硬；
- X 光片顯示，第一和第二節頸椎有垂直半脫位、第二和第三節頸椎之間關節僵硬、頸椎骨刺特別是在第四至第六節頸椎位置、第三節頸椎椎前軟組織空間變窄，及頸椎多個節段未有垂直對齊；
- 最後她被診斷為頸椎病，兼有垂直寰樞關節錯位。

頸部僵硬和吞嚥問題 治療首週已得到解決

最初脊醫為婆婆安排的治療，包括穩定頸椎錯位並恢復關節活動度，重點在脊骨矯正，和透過收下巴、肩膊旋轉及頸部等長運動等來加強肌肉鍛鍊。在第一週針對頸椎治療後，婆婆頸部僵硬和吞嚥問題已得到解決。治療結束後再為婆婆照 X 光片檢查，頸椎形態參數得到改善，頸椎節段都較之前對齊。在六個月後的跟進電話中，婆婆已沒有吞嚥困難的症狀，並且能夠正常飲食且無窒息感。

頸源性吞嚥困難通常與 C2 至 C4 頸椎有關

吞嚥困難常見於老年人，約 15% 的老年人口因吞嚥機制退化而出現吞嚥困難。吞嚥困難十分需要關注，因為除了影響生活質素外，亦有機會因吸入性肺炎、脫水和營養不良導致死亡。

頸椎相關的疾病，可能導致與吞嚥有關的困難，一般都會診斷為頸源性吞嚥困難（Cervicogenic Dysphagia，簡稱 CGD）。在大多數情況下，第二至第四節頸椎是主要引起頸源性吞嚥困難的部位，因咽後間隙和相鄰的咽縮肌鄰近第二至第四節頸椎位置。至於頸源性吞嚥困難的誘發因素，包括高齡、身材矮小和脊椎異常。

可能會導致吞嚥困難的頸椎疾病，包括頸椎生理弧度變化、小關節功能障礙、退化（如前部骨刺、椎間盤突出及骨關節炎）、風濕性疾病、廣泛性特發骨質增生症、損傷、頸椎手術、先天性畸形和腫瘤等。鑑於頸椎非常靠近口咽和食道，任何結構和功能方面的變化，都有機會對吞嚥造成不利影響。無論是食道受壓，又或因會厭傾斜、食道旁出現炎症和食道括約肌痙攣而造成喉部入口受阻，均有機會干擾正常吞嚥的過程。

C1 和 C2 頸椎垂直錯位 可能會導致吞嚥困難

另外，第一和第二節頸椎的垂直錯位，也與吞嚥困難有關，歸因於齒狀突對腦幹的向上壓縮，引起吞嚥機制的干擾。吞嚥是一個複雜的感知運動功能，由腦幹（延髓），以及咽部和食道的反射作用控制，因此腦幹壓力可能導致食道狹窄、會厭閉合不完全和吞嚥問題。頭部前傾姿勢，亦令上食道過度伸展，吞嚥也變得不太順利。

鑑於頸源性吞嚥困難由頸椎疾病或體位畸形引起，因此對頸源性吞嚥困難的治療應更多地集中在頸椎問題。脊骨矯正和頸部肌肉強化，以減輕腦幹壓迫，穩定關節錯位，伸展痙攣肌肉並改善關節僵硬，對治療頸源性吞嚥困難有很好的效果。

懶人包：頸部肌肉鍛鍊 紓緩頸部僵硬和吞嚥問題

收下巴	頭部向後移，同時將胸向前移，而不是單純做出低頭動作。通過收下巴動作，促進深頸屈肌和整體控制頸椎神經的活動。
肩膊旋轉	訓練肩部、肩胛骨和上背部的活動能力。
等長運動	手掌置於額頭，頭向前推，手向後頂，力量相互抗衡，令頭部保持正中位置，以增強目標肌肉。

參考文獻：

Chu ECP, Shum JSF, Lin AFC. Unusual Cause of Dysphagia in a Patient With Cervical Spondylosis. Clin Med Insights Case Rep. 2019;12:1179547619882707. doi: 10.1177/1179547619882707. eCollection 2019. PubMed PMID: 31908560; PubMed Central PMCID: PMC6937524.

朱玨欣
脊骨神經科醫生
英國英歐脊科醫學院脊骨神經科碩士
香港註冊脊醫

持續性頭痛會導致抑鬱？

　　頭痛，應該大部分人都試過。頭痛可因睡眠不足、普通感冒、藥物影響、壓力、疲勞，或是病毒感染等因素而導致。但大家又知不知道原來頸椎錯位也會導致頭痛？它稱為頸椎性頭痛，是張力性頭痛（Tension-type Headache）主要的一類。

患者小檔案

年齡：44 歲

性別：女

職業：教師

病徵：患有張力性頭痛，持續頭痛兩年，長期頭痛令她患有嚴重的
　　　抑鬱症，更反覆出現自殺念頭。

確診：患有頸椎病及張力性頭痛

患有張力性頭痛致抑鬱　曾有自殺念頭

有一位 44 歲的女教師，因持續頭痛兩年而需服藥來紓緩痛楚。但止痛藥只有短暫紓緩頭痛的功效，甚至越食越無效，使她無法如常工作，於是決定求醫。

經檢查後，發現她患有張力性頭痛，被轉介到物理治療師跟進，但亦不見效。長期頭痛使她情緒開始低落及生活質素下降。後來她被轉介到精神科，被診斷出患有嚴重抑鬱症。醫生給她抗抑鬱藥，但頭痛與抑鬱症使她無法過著正常生活。受到巨大的健康與經濟壓力，她反覆出現自殺的念頭。

患者到脊醫診所求醫時，自評頭痛的痛楚已達到 6/10 至 8/10。根據患者的頸椎 X 光片（Cervical Radiographs）顯示，其頸椎偏直，生理弧度是 24°，而一般正常則介乎 31° 至 40° 之間，同時她的下頸椎有輕度骨質增生。綜合了檢查結果後，患者被診斷出患有頸椎病以及張力性頭痛。

藉脊醫手法治療及超聲波治療紓緩頭痛

針對患者的病情，脊醫將治療分為兩個階段，首階段的治療包括使用手法治療（Diversified Spinal Manipulation），將錯位的脊骨矯正，以及採用超聲波治療，增加血液循環，放鬆肌肉。治療次數由第一個星期進行五次，到接著三個月一星期接受三次，完成治療後，患者已對自己的健康漸漸恢復信心，減少依賴藥物。痛楚亦由原本的 6/10 至 8/10，跌至 3/10 至 5/10。

第二階段的治療則在接下來的三個月，以一星期兩次進行，慢慢恢復脊柱的正常運作。在完成為期六個月的第一及第二階段治療後，患者已完全康復，停止所有藥物。在過去的六年患者亦有定期每月做保健護理，再沒有復發的問題出現。

懶人包：痛楚和抑鬱情緒持有共同神經通路

大部分人只會針對頭痛病徵服用止痛藥，卻往往忽略了導致頭痛的真正病因。雖然止痛藥成效快，但它只有短暫紓緩痛楚的功效。如果過度依賴藥物，不但沒有達到長遠止痛的效果，更可能影響睡眠質素。除此之外，調查顯示，導致張力性頭痛的主要因素是持續性肌肉抽搐，所以透過脊醫的手法治療以及超聲波治療放鬆肌肉，能紓緩患者的頭痛。另外，原來痛楚和抑鬱情緒持有共同神經通路，難怪持續性的頭痛會有機會導致抑鬱！

參考文獻：

Chu ECP, Ng M. Long-term relief from tension-type headache and major depression following chiropractic treatment. J Family Med Prim Care. 2018 May-Jun;7(3):629-631. doi: 10.4103/jfmpc. jfmpc_68_18. PubMed PMID: 30112321; PubMed Central PMCID: PMC6069670.

邱凱瑩
脊骨神經科醫生
美國生命人學脊科醫學博士
香港註冊脊醫

精神壓力

　　「你有壓力，我有壓力」，十多年前「巴士阿叔」似乎道出了不少香港人的心聲。壓力好像是生活中難以避開的重擔，不論是人際關係、工作、學業、財務及急速的生活步伐等，都有可能造成精神壓力，情緒低落。適當的壓力或許能夠成為部分人的推動力，但是過分的精神壓力，有機會令我們感到不適，甚至引致健康問題。

「戰鬥或逃跑」vs「休息和消化」反應

　　維持生命的基本機能是由自律神經系統控制。自律神經系統包括交感神經和副交感神經，它們根據不同的身體狀況互相調節，兩者的作用也剛好是相反。當交感神經被激活時，身體會進入「戰鬥或逃跑」狀態，相反副交感神經較活躍時，身體會平靜下來，促使「休息和消化」活動。例如今天我們要在會議上作一個很重要的匯報，我們也許會緊張，會感覺心跳加速、腸胃不適、口乾及冒汗等，這都是交感神經的反應，使我們處於作戰的狀態。直至匯報完成後，我們的壓力緩解後，副交感神經就開始活躍起來，讓我們平靜下來，放慢心跳，增加消化活動。但長期精神受壓，容易令交感神經長期處於活躍及作戰狀態，久而久之損耗身體機能，甚至令自律神經失去平衡。

脊骨錯位

　　除了勞損和意外受傷外，精神壓力也是其中一個導致脊骨錯位的原因。當脊骨出現錯位，不但拉扯著兩旁的肌肉，更刺激著旁邊的神經線。我們受到外界的刺激時，會自然地作出反應。好像是突然有人把手搭在我們的肩上，有時候我們會嚇一跳，有時候我們會緩緩地回頭看看是誰。神經線都是一樣，當它們受到刺激時，也會作出反應，這就是身體給你發出警號。

身體的警號

　　過分的精神壓力容易導致的徵狀包括有頭痛、容易感到疲倦、難以集中、失眠、肌肉緊張、食慾不佳、腸胃不適、心跳加速、手震、頸膊痛及腰背痛等。透過生理徵狀和不適，你的身體在告訴你，你的神經系統正在承受著一些壓力。這些身體狀況，不單令我們感到不適，長遠來說更影響日常表現和生活。幸好，這些狀態都能夠透過脊醫治療得到改善。脊醫會替你找出神經線受壓的地方，利用手法矯正，使脊骨排列整齊，避免神經線繼續受壓。

脊骨矯正有以下好處：

- 改善肌肉繃緊和痙攣
- 活動關節
- 激活催產素及平衡皮質醇等荷爾蒙，有助減低炎症和壓力，亦可見更積極參與社交活動
- 改善姿勢，擴闊胸腔，使呼吸更順暢
- 降低血壓
- 改善睡眠質素
- 平衡自律神經

除此之外，日常健康的生活習慣也能夠對精神狀態帶來正面的影響。適量的運動、均衡飲食、足夠的水份和充足的睡眠等，能夠為身體提供能量。保持平常心，放下憂慮，豁達開朗面對挑戰，都能夠減少心理壓力。

參考資料：

1. Hughes FP. Reduction of cortisol levels and perceived anxiety in a patient undergoing chiropractic management for neck pain and headache: a case report and review of the literature. J Contemp Chiropr 2020, Volume 3: 14-20.

2. Kiani AK, Maltese PE, Dautaj A, Paolacci S, Kurti D, Picotti PM, et al. Neurobiological basis of chiropractic manipulative treatment of the spine in the care of major depression. Acta Biomed 2020; Vol. 91, Supplement 13: e2020006

譚明昕
脊骨神經科醫生
澳洲墨爾本皇家理工大學脊醫學學士
香港註冊脊醫

貝爾氏麻痺和面部疼痛
脊骨矯正中得到改善

　　突然半邊臉出現歪嘴的情況，而且難以控制面部表情？可能是貝爾氏麻痺和面部疼痛，《美國病例報告期刊》2022 年 8 月刊登的一項香港學術論文，指出貝爾氏麻痺和併發的三叉神經病，通過脊骨神經科治療可得到改善。一位 52 歲的亞裔女性因持續頸部疼痛、無力、感覺僵硬和左臉麻木而就診。症狀是在用牙籤清潔左上頜臼齒後開始，導致出血。在幾天內，她的疼痛和麻痺擴散到左眉毛、上頜骨和顳下頜骨區域，她還注意到在此期間出現了左側面癱和耳鳴。她感覺症狀持續，但又會因活動而變化，顳下頜區疼痛會因說話而加重。她描述說，左臉敏感度增加，在出現症狀的部位有局部觸痛感。

　　她指出，由於難以用嘴唇抓住吸管或在杯子邊緣形成密封，所以即使用吸管喝水也很困難，相應地喝水時可能會溢出液體。患者報告說，由於左側面部無力，她做面部表情的能力有限，如微笑，在休息時左眼瞼輕微下垂，在試圖做面部表情時，這種情況更加嚴重。她在抬起左眼皮和眉毛，以及完全閉上左眼方面也有困難。

進行脊骨檢查時，除了面部癱瘓外，顱神經檢查無異常，包括角膜反射也無異常。患者在休息時左眼瞼下垂，在嘗試其他面部表情（即同步活動）時，這種情況會加重。她也不能撅起或抿起嘴唇，鼓起臉頰，完全閉上左眼，完全抬起左眉，或完全用左臉微笑。鑑於患者在休息時的面部不對稱和其他缺陷，在 House-Brackmann 面癱量表中被評為 IV 級，其中 VI 級為完全癱瘓。頸椎 MRI 顯示小腦扁桃體低位，頸椎前凸消失，以及退行性脊柱病。C2/3、C3/4、C4/5、C5/6 和 C6/7 的椎間盤乾燥和輕度椎間盤突出很明顯。

經過第一週的治療，她的面部和頸部疼痛減少到數字評分錶的 2/10，並且能夠說話而沒有增加下頜疼痛。一個月後，她唯一的遺留症狀是在做其他面部表情時，左眼瞼輕微下垂。然而，她的其他面部運動都得到了恢復。她的面部疼痛、頸部疼痛和其他症狀也完全消失。沒有出現與任何治療有關的不良後果。

手法治療可以改善貝爾氏麻痺引起的面部麻痺。最新的研究表明，貝爾氏麻痺患者可能會出現感覺和運動不協調，他們對情緒性面部表情的識別有延遲。此外，也有另一項系統綜述發現，慢性面部疼痛患者的身體發生了改變，例如皮質本體感覺表徵受損。還有研究發現，脊柱矯正可以幫助恢復感覺：運動的協調性。另一個潛在的機制依賴於疼痛相關的虛弱概念，即在有疼痛的情況下肌肉力量受到抑制，而在沒有疼痛的情況下肌肉力量得到改善。因此，通過脊骨神經脊柱手法減輕患者的面部和頸部疼痛，面部運動功能也同樣得到改善。

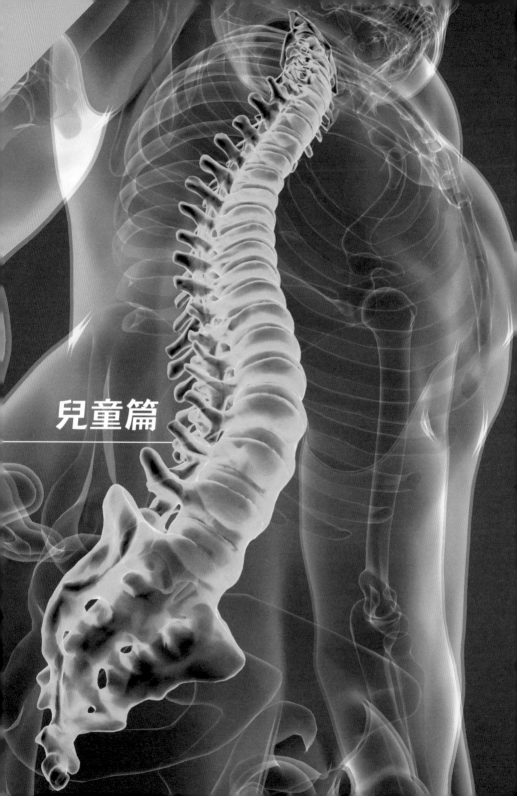

兒童篇

吳霈慈
脊骨神經科醫生
美國加州克里夫蘭脊骨神經醫學院脊科醫學博士
兒童脊醫證書（CACCP）
香港註冊脊醫

嬰幼兒斜頸

　　嬰幼兒斜頸可分為先天性及後天性；成因亦可分為結構性、創傷性及肌理性。先天性斜頸雖並不常見但也不罕見，始見於初生嬰兒身上，[1] 比率大致為每 250 名初生嬰兒有一名出現先天性斜頸的情況，其中 20% 會同時出現先天性髖關節發育不良，男女比例為 3：2，斜向右也比左更為普遍。

　　斜頸的表徵為頭部側向一邊，其徵狀非常明顯不可能看不到，面容或許會出現大細眼及高低面等。大腦麻痺也會引起肌肉繃緊，兩者容易混淆，但一般母嬰健康院會替嬰兒進行進一步檢查，當排除了大腦麻痺後會轉介做物理治療拉伸肌肉，家長亦應同時帶嬰兒往兒科脊醫診所接受脊骨神經診療。

　　其結構性成因包括頭骨排列或發育異常；其創傷性成因主要是分娩過程中過分用力或過大幅度扭動頭頸，使用某些助產工具，引致胸鎖乳突肌（Sternocleidomastoid Muscle）撕裂，以及頭骨和頸椎嚴重錯位；而肌理性成因主要是多胞胎以致子宮內空間不足，或嬰兒體位出現長期偏差所致的胸鎖乳突肌繃緊至出現硬塊或纖維化、頭部頸部肌肉發育異常或缺失、眼部肌肉疲弱或罕見的細菌感染等。

1　Congenital Torticollis - PubMed (nih.gov)

嬰幼兒後天性斜頸較為常見。可見於任何年齡的兒童身上，頭部或會側向一邊，但最主要的徵狀是頸部單邊活動範圍受限，因而令頸部活動時出現劇痛而不能側或扭向受影響那邊。九成以上成因屬肌理性，因長期趴睡、側頭或低頭做功課、前傾用電腦或平板等不良姿勢引致頸椎錯位及胸鎖乳突肌肉過度繃緊。

雖然後天形成的斜頸不一定出現明顯的頭側表徵，但家長亦不難察覺到寶寶們只愛單邊撐頭望向左或右。0 至 9 個月的嬰幼兒患者因為未能用言語表達身體的不適，大多數只能透過哭鬧來表達；年長一些約 9 至 18 個月大的嬰兒則不一定有哭喊的情況。對於 0 至 9 個月大的嬰幼兒患者，兒科脊醫主要透過特定手法矯正頭骨或面骨和頸椎錯位，透過筋膜鬆弛術放鬆過度繃緊的胸鎖乳突肌肉，亦會教導父母怎樣在家為他們按摩；對於 9 至 18 個月大的嬰幼兒患者，除了手法矯正、肌肉伸展和在家按摩，還要父母配合調整子女的睡姿、選用良好的揹帶、適當的抱姿，及多引導嬰兒望向另一邊等。

初生嬰兒先天性斜頸最好能在 0 至 3 個月大之內完成治療，否則或會影響他們爬行期和學行期的表現，亦會令他們的大腦與身體的溝通長期處於不暢順的狀態，影響哺育、睡眠等乃至整體的健康發育和成長。曾有兩個求診個案，均曾患有先天性斜頸但未有完全康復繼續成長，分別為 6 歲和 10 歲。他們求診時都有姿勢不良、發育遲緩、頭骨扁平、面骨不對稱、斜頸、繼發性胸椎側彎、頸椎關節活動幅度下降及手眼協調差的問題。經過一段時間的脊骨矯正，及透過一系列肌肉協調治療運動改善體態和肌肉平衡度，教導父母及小朋友日常生活的正確姿勢，才逐步開始見到患者在體態上、活動範圍上及身體協調上的改善，亦能減低後天斜頸的復發機會。

陳嘉俊
脊骨神經科醫生
澳洲梅鐸大學脊骨神經科醫學院學士
香港註冊脊醫

腰薦椎先天性結構異常
或會促成脊椎側彎

　　腰薦椎轉變椎體是一種於腰薦椎最常見的先天性的結構異常，可分為腰椎薦化和薦椎腰化兩類。儘管大多數腰薦椎轉變椎體的臨床意義不大，亦不會導致殘疾和明顯的身體或功能影響，但不能忽略的是，這些異常可能會破壞生物力學，以及改變脊椎和椎旁的結構，有機會促成脊椎側彎。

　　我們的脊椎椎骨通常在媽媽懷孕大約第六至第八週之間發育。胚胎發育的錯誤，可導致脊椎椎骨節段或形成失敗、融合不良和發育異常。腰薦椎轉變椎體屬輕微的先天性異常，這些異常都不會直接導致殘疾，但若擠壓到神經線，腰薦椎轉變椎體可成為痛症的成因。

患者小檔案

年齡：15 歲	職業：學生
性別：男	病徵：單邊腰椎薦化
年齡：17 歲	確診：脊椎側彎
性別：女	

兩脊椎側彎患者 均有單邊腰椎薦化

曾經有兩個青少年在脊醫診所接受脊椎側彎檢查，分別為 15 歲的中三男生及 17 歲的中五女生，在他們的 X 光片中，意外地發現他們都有單邊的腰椎薦化，即最後一節腰椎橫突與薦椎單側融合。剛好，他們脊柱彎曲的方向都在腰薦椎轉變椎體的對側。單邊腰薦椎轉變椎體，涉及的一側會承受較大比例的負載，從而導致該椎骨頂部往一側傾斜，因此減慢脊柱那側的生長並導致脊椎彎曲和旋轉，促成脊椎側彎。

懶人包：脊椎側彎可分三大成因

脊椎側彎的原因可大致分為先天性、神經肌肉性和原發性三種。

先天性脊椎側彎：通常與主要結構異常有關。

神經肌肉性脊椎側彎：由醫學疾病引起，削弱了肌肉控制和支持脊柱的能力。

原發性脊椎側彎：沒有任何可識別的原因。

脊椎側彎亦可按弧度，分為三種嚴重程度：

少於 20°：屬輕度脊椎側彎；

20°-40°：屬中度脊椎側彎；

大於 40°：歸類為嚴重。

無論輕度至嚴重的脊椎側彎患者，都應找醫生定期檢查和配合療法來避免弧度惡化。

青少年原發性脊椎側彎可能是由多因素引起，例如遺傳因素、姿勢及營養等。對於青少年原發性脊椎側彎，一般建議採用保守療法，例如脊醫脊骨療法或非手術的治療方法，主要目標是預防側彎惡化，甚至可能減少側彎的弧度，並加強肌肉控制和支持脊柱的能力。如果在兩次連續檢查之間，側彎角度的相差為 ±5°，則認為是弧度穩定；如果角度增加或減少 ≥5°，則認為弧度變差或改善了。

　　上文提到的兩個青少年脊椎側彎患者，在經過脊醫治療後，弧度都很穩定，亦阻止了側彎弧度惡化。

參考文獻：

Chu ECP, Huang KHK, Shum JSF. Lumbosacral transitional vertebra as a potential contributing factor to scoliosis: a report of two cases. Asia-Pac Chiropr J. 2020;1.1. Online only.

吳霈慈
脊骨神經科醫生
美國加州克里夫蘭脊骨神經醫學院脊科醫學博士
兒童脊醫證書（CACCP）
香港註冊脊醫

嬰兒爬行期學行期常見問題

　　學行前的爬行時間足夠與否，對於兒童大小腦的發育及神經網絡聯繫發展來說，有深而長遠的影響。

　　一般嬰兒從懂得自己翻身開始不久便會進入爬行期，由五個月大到八個月大不等。到底什麼時候父母該注意帶子女往兒科脊醫診所接受評估檢查呢？

　　若子女對爬行充滿意欲卻礙於四肢不協調而未能成功爬行；爬行時手肘或膝關節形態有異或單膝跪地前行；爬行時背部左右活動幅度不對稱；雙肩無力撐起上身，Pat Pat 不能抬高，只能用雙手雙腳俯地爬；又或者只有上半身撐起離地，腹部貼地拖著下半身爬；又或是爬行方向出現左右偏差甚至越爬越後等。兒科脊醫除能替這些嬰兒找出原因，矯正因經常無故跌倒而引致的脊骨錯位外，亦能替他們評估受影響的程度，繼而作出相對的腦部訓練及調整方案。

　　經過一段爬行期，嬰兒便會慢慢步入學行期，從 12 個月至 18 個月大不等，因人而異。即使子女過早或過遲進入學行期，只要偏差不多於兩個月以及爬行期不少於四個月便可以，不必太刻意去強迫或禁止子女學行。

於學行期的早段至中段（一至兩歲），正是兒科脊醫強調的定期檢查及矯正次數變得較頻密之時。因這時期的學步嬰孩未能充分地協調步行肌肉以至經常跌倒地上，若加上本身的平衡力較差，跌倒的機會更是倍增。即使懂得在家中地上鋪上軟墊，但重複跌倒的外加壓力對處於成長期的幼小脊骨來說已足以造成程度不一的脊椎錯位，應儘早接受檢查及矯正以減低脊椎錯位、神經受壓或將對嬰孩日後健康所造成的影響。

另外，腳弓於學行期尚未發育完成，家長應讓學步嬰孩穿上合適的鞋子走路，即使在家也該盡量避免讓於學行期的子女赤足於平坦的地面步行，此舉會減慢或影響腳弓發育。父母應多讓子女於草地、幼沙及石春路等不同觸感的表面上赤足步行，刺激腳底的觸感細胞，除了有助感官及大腦發育，亦能同時訓練平衡系統。

何謂合適的鞋子？適合學步嬰孩穿著的鞋子必須符合四大條件：

1. 大小適中，減低步姿不良及絆倒的機會；
2. 軟硬適中，過軟或硬的鞋面或鞋底均會影響步姿及腳掌發育；
3. 穿著容易，以免於穿上或脫掉鞋子時用力過度弄傷腳腕；
4. 透氣舒服，尤其是在家赤足穿上的鞋子，減低對皮膚的影響。

學步嬰孩的步姿到底有什麼啟示，從子女被拖著踏出人生第一步到不需輔助自個兒步行，相信大多數父母都只懂以喜悅的心情來看待學步子女，而不知道單從步姿已能看出一些問題的端倪。如有否經常採用腳尖走路？這代表尾龍骨出現錯位。

經常 W 腳跪坐容易膝關節內翻形成「X」型腳；經常盤膝坐容易膝關節外翻形成「O」型腳；雙腿之間的距離過闊或出現外八字腳和內八字腳的情形，這多表示雙腿髖關節異常或是錯位，或是筋膜問題；總是東倒西歪而非直線前行，或無故撞物跌倒，暗示著平衡及視覺系統的問題等。

　　以上所提及的適用於所有學步嬰孩，包括較早或遲進入學行期以及跳過爬行期的嬰孩。不論程度屬輕或重，都需儘早往兒科脊醫診所接受檢查及治療，以減低對嬰孩將來健康成長的威脅。

吳霈慈
脊骨神經科醫生
美國加州克里夫蘭脊骨神經醫學院脊科醫學博士
兒童脊醫證書（CACCP）
香港註冊脊醫

兒童尿床與脊骨神經的關係

小朋友尿床是很普遍的問題，相信很多父母都有問過：「為什麼我的仔女咁大個夜晚仲成日瀨尿？」、「晚飯後已盡量唔飲水啦，究竟點解仲係瀨尿？」究竟尿床尿到什麼歲數才要留意和看醫生？應看哪一科？

一般三至四歲幼童還尿床是可接受的，但六歲後還在晚上尿床就不太正常，還會影響患者的心理和社交，但家長切記不要用責罵的方法處理尿床這件事，壓力越大心理因素的影響越大。一般來說，家長都會帶小朋友去睇泌尿科醫生，檢查後若沒有發現泌尿系統有任何病變，很多時候會不了了之，期望小朋友再過幾年會好。

在回港執業這些許年間，父母主動因尿床問題帶子女來求診的個案不多於五宗。因子女有其他脊骨問題或痛症所以來求診，卻因而把尿床問題一併治好的卻不少。這正反映出本港父母並不了解尿床與脊骨的關連何在。在兒科脊醫角度來說，尿床屬泌尿排泄功能失調。上圖所示，我們的身體機能完全受大腦中樞神經系統控制，透過脊髓和脊骨神經與器官連繫，而脊髓和脊骨神經被我們的脊骨包圍著，保護著。當負責控制膀胱和尿道括約肌的關節，即第三及四節腰椎神經因腰椎有錯位而出現受壓情況時，膀胱和尿道括約肌

接收不到正常的神經訊號，繼而出現排泄功能失調、尿頻和尿床，嚴重會引致膀胱病變。

　　我接觸過的那些有尿床的個案，從 5 至 12 歲不等，日間也會出現尿頻卻尿量少或一有便意便急不及待要立即解決，一刻也忍不到引致失禁的情況。有部分是從小開始都有尿床問題，有部分是在摔倒或經歷車禍或其他意外後才開始出現尿床問題，還有小部分與尿床後受家長責備導致心理受壓力有關。他們經過為期一至兩個月、每星期一次針對相關腰椎盆腔的脊骨矯正，配以針對性盆腔肌肉訓練後，尿床頻密程度及尿頻程度都逐步下降至症狀完全消失，忍尿能力相對提高至足夠時間往找就近洗手間。而與心理有關的還需要同時接受兒童心理啟導治療，雙管齊下，把心理壓力釋放了，才能真正回復正常。

　　根據不同的脊骨神經與尿床的研究，其中一個 [2] 研究參加者為一星期七晚尿床兒童。從開始接受一個針對相關脊椎的矯正後，第一星期尿床次數減至四晚，繼續治療後尿床頻密程度減至一半。脊骨神經科的治療對幼兒尿床問題比沒接受脊骨神經治療有著明顯正面的好轉。另一些相關研究 [3] 為十星期療程和兩星期跟進，經過針對相關脊椎的矯正後，平均每兩星期有 7.6 晚出現尿床，整體有 17.9% 進步。

　　只要找到尿床與脊骨神經受壓的成因，在接受一個針對相關脊椎和肌肉的矯正療程後，受困擾的兒童或青少年就能重回健康快樂的正常生活。

2　http://www.holisticonline.com/Chiropractic/chiro_bedwetting.htm
3　http://www.chiro.org/abstracts/enuresis.htm

李憲嚴
脊骨神經科醫生
美國脊骨神經科醫學博士
美國腦神經脊醫專科（DACNB）
香港註冊脊醫

發展遲緩：
未爬先走，未必好事？

　　爬行是寶寶成長過程中的一個自然過程，不過臨床經驗中確實有些寶寶不經過爬行就會行走的。如果發現寶寶爬行出現四肢不協調的動作、只使用單側肢體或僅用單側手腳移動、出現頸或肌張力異常等情況，父母應該尋求脊醫腦神經科（Chiropractic Neurology）檢查及治療，並替寶寶檢查中樞神經系統有否問題，是否有脊骨神經錯位或肌肉力量的問題，又或者有不正常的反射姿勢等情況。

反射動作透露寶寶健康？

　　新生嬰兒神經系統還未發展成熟，面對外界刺激時，會靠腦幹與脊髓的反射動作，立即對這些刺激做出反應，稱之為原始反射（Primitive Reflexes）。它並不受意識所控制，而且需要被抑制整合，最終被大腦的高級中樞神經和姿勢反射所代替，來進一步促進寶寶的運動技能和神經系統的發展。每種反射都在中樞神經系統、肌肉、知覺、認知和情感等功能的發展中扮演重要角色，而且是脊醫腦神經科（Chiropractic Neurology）用作診斷中樞神經是否正常的其中一項重要檢測。

未能抑制整合而殘留的原始反射會影響寶寶大腦部分功能，或會導致許多發展障礙的問題，如發展遲緩、過度活躍／專注力不足、自閉症和學習障礙等。

爬行發展遲緩的寶寶大部分都與環境剝奪有關，最常見的就是寶寶常常被抱著，或是放在嬰兒車或床中，也可能過早的直立身體而行走，使身體和中樞神經錯失了必要的刺激和整合原始反射的機會。

從脊醫腦神經科（Chiropractic Neurology）拆解爬行發展遲緩

1. 張力迷路反射（Tonic Labyrinthine Reflex, TLR）

TLR 反射是頭部管理的基礎，有助寶寶做好翻滾、腹部爬行、四點爬行、站立和行走的準備。這表現是「飛機手和飛機腳」，當寶寶俯臥時，手和腳總是不時抬起。寶寶學習爬行是從匍匐爬行開始的，肚子貼著地面，兩隻腳的大拇指蹬地，同時配合胳膊把自己推向前，但是如果 TLR 反射沒有被抑制，寶寶的腳就像飛機一樣舉起來，無法貼著地面爬。

如果保留 TLR 反射，將導致寶寶難以爬行或無法做出正確的爬行姿勢。嚴重的會影響身體姿勢不良和保持背部挺直的問題，又或者走路時身體略顯僵硬，頭部向前傾，平衡力不好，更甚容易有專注力及組織能力弱的問題。

為了抑制 TLR 反射，需要大量俯臥訓練，俯臥不夠會阻礙寶寶學習爬行。通過俯臥可以鍛鍊寶寶背部、胸部、上臂肌肉的力量、增強頸部力量、促進脊骨神經的發育、發展手部力量和靈活性，使寶寶逐漸掌握平衡，增強對身體的控制能力。

2. 對稱性張力頸部反射
(Symmetric Tonic Neck Reflex, STNR)

　　STNR 反射大約會在六個月時出現，當寶寶抬起頭時，頸部的肌肉張力會讓兩隻手臂自動伸直、雙腿也會同時彎曲。若是寶寶低頭，兩隻手臂就會放鬆彎曲，兩腿也會一起伸直。STNR 會持續到寶寶 11 個月大，這些動作對於爬行非常重要。STNR 提供身體上半部和下半部之間的身體運動分離，使寶寶在手和膝蓋上抵抗重力，是爬行的前兆。STNR 支援寶寶學習手和膝蓋的位置，讓寶寶有一個蹬的力量，可以幫助發展爬行。如果寶寶常常被抱著，STNR 沒有充分整合，寶寶或只會通過滑動屁股或只是坐著移動，這或會造成發展遲緩及中樞神經發展出現問題，未來有機會影響兒童的學習和專注力發展。保留 STNR 的一些可能的長期影響是：坐姿不良／駝背的姿勢，或者經常好像無腰骨，總是倚著／伏著物件／檯，又或者坐時將腿纏繞在椅子上。

　　殘留的原始反射會對寶寶腦部成長有多少影響，取決於未整合的原始反射的數目及其活躍程度，但總會對不同的範疇造成影響，包括：影響感官知覺、脊骨神經發展、肌肉張力、姿勢性反應的發展、情緒及行為問題、腦神經系統的發展和功能、左右腦發展及小腦發展。

　　若父母已經給予寶寶充分練習機會，到了 9 至 10 個月大仍不會爬行、爬行姿勢怪異、手腳不協調或不懂翻身、無法做到趴、肚子貼地爬行或肌肉張力異常等動作，則應尋求脊醫腦神經科（Chiropractic Neurology）診斷中樞神經發展是否正常。

李憲嚴
脊骨神經科醫生
美國脊骨神經科醫學博士
美國腦神經脊醫專科（DACNB）
香港註冊脊醫

孩子坐不定？不專心？

孩子坐不定？周身郁？「跳跳紮」？

「冇時停」，東摸西摸，頻頻東張西望？

書寫時，坐姿奇怪？身體歪斜？「無腰骨」？靠椅背或趴在桌子上面？

頭垂向桌面、腿屈後到椅下，甚至繞著椅腳、駝背等？

愛插嘴、經常騷擾別人、粗心大意、做事有頭無尾、缺乏組織能力？

他們大都被認為是頑皮或冒失，其實可能已患有「專注力不足／過度活躍症」（ADHD）的徵狀。

為什麼有以上問題？如何解決？

從脊醫腦神經科（Chiropractic Neurology）解讀他們的神經系統

一般而言，患有過度活躍及專注力不足的孩子們，治療主要靠藥物及行為治療。

大多數在處理和治療這些問題時，仍看成是單一的問題，譬如專注力、學習、社交、抽搐或其他症狀。從脊醫腦神經科研究，這些孩子的問題多半混合多種不同徵狀，包括感覺、運動、認知、學

習、情緒及免疫方面，以及飲食和消化上的多種徵狀。其實這些徵狀基本上與身體的每一個系統都有關，這些徵狀不一的孩子，問題來自同一地方：腦部功能不協調（Functional Disconnection Syndrome）。他們的腦區域功能無法保持協調，妨礙分配和整合資訊的能力，這樣腦部就變成功能性失聯或不協調，造成他們不能抑制行為、抗拒分心及衝動等問題，但徵狀的多少、嚴重性及不協調的程度，則涉及不同腦區域的影響性和嚴重性有關。從問題根源改善，能讓大腦發揮適當的功能，再經由強化較差的腦區域，使左右腦回復正常及同步功能。這會比使用藥物治療更加徹底，只著眼於頭痛醫頭、腳痛醫腳是不能有顯著的效果。

專注能力及衝動活躍與大腦額葉有關？

大腦額葉像一個踩煞系統，當它處於平衡健康狀態，會做出正確判斷、控制情緒、集中專注力及視其需要採取抑制性的措施。因此，額葉具備判斷、計劃、組織、控制衝動和批判性思考的大腦執行者。相反，倘若額葉區域功能下降，大腦變成了跑車，它便無法對有害行為踩煞車，對於區分重要及不重要的訊息便受影響。他們的大腦處於一個紊亂而無組織的狀態，沒有能力整合相關的訊息、計劃及做出一個適當的反應。於是，他們容易分心、衝動、過動、坐立不安、經常胡亂攀爬或走動、無法安靜地玩耍、不遵守規則、愛插嘴、經常騷擾別人、粗心大意、做事有頭無尾或缺乏組織能力。

反射動作影響容易分心？坐不定？

這些孩子通常是身體的姿勢控制出現問題，最常見的是頸部張力反射未能整合。理論上頸部張力反射會在嬰兒期結束前整合，但為何有些孩子到了上學時，常被老師或家長投訴，無法好好坐著，

總是「無腰骨」，總愛倚著、伏著或坐著物件呢？原因嬰兒爬行期的時候，爬行經驗太少，又或總是被抱著，導致頸部張力反射未能整合，使反射延續到幼兒園或小學階段。（詳情請看文章：發展遲緩：未爬先走，未必好事？）

長遠因姿勢問題可能會影響脊骨神經的成長。

另一相關問題是脊柱格蘭特反射（Spinal Galant）。這反射是撫摸脊柱兩旁的皮膚產生刺激，而引起背部肌肉快速的收縮。殘留的反射可能會被腰部的輕微壓力所刺激，引致孩子藉著扭動身體來不斷改變其身體姿勢，從而影響到他們的專注力、短期記憶力、多動或煩躁不安等徵狀。這種壓力可能來自腰帶、過緊的衣服或有背靠的椅子。孩子或會表現皮膚很敏感，經常扭來扭去，不愛穿緊身衣物，又或坐著或被抱著時煩躁不安。殘留的反射嚴重個案可能會導致經常尿床。

脊醫腦神經科治療不用任何藥物治療，是根據「神經可塑性」的理論，給予腦部神經元適當的刺激，會產生新的突觸和改變神經元的連結方式，從而能夠提高／改善腦部功能。腦部均衡發展（Brain Synchronization）經由學習、刺激、強化和平衡，使兩區域重新產生聯繫恢復正常功能。腦部所依靠外在環境的刺激有：光、聲音、震動、味道、氣味、觸摸、溫度及重力。這些刺激是透過感覺神經系統，經由脊柱神經往腦幹而上，再傳送去啟動大腦。

當真正的了解問題根源，自然就知道如何協助孩子改善問題。透過檢測神經系統、腦部功能和原始反射，找出問題的根源所在，不用任何藥物，作出適當的腦部治療和訓練，以達致腦部重塑，問題便會改善或解決。

李憲嚴
脊骨神經科醫生
美國脊骨神經科醫學博士
美國腦神經脊醫專科（DACNB）
香港註冊脊醫

自閉症譜系障礙（ASD）是
大腦失衡？神經系統功能障礙？

　　自閉症譜系障礙（Autism spectrum disorder，ASD）是一種複雜的腦神經發展問題，患者通常有社交、溝通及語言障礙，以及狹隘興趣等行為特徵，也可有不同的徵狀組合（Comorbidity）。他們的徵狀可由幾種至幾十種不同的演釋，是非常廣泛的問題。例如ASD 患者可以同時有專注力不足、過度活躍、情緒問題、睡眠障礙、餵食問題、免疫系統失調和癲癇症等症狀。在現實中發現的複合型徵狀比標籤多，臨床經驗中，這些徵狀沒有辦法很清晰地歸納在任何一個框框裡。

　　ASD 的徵狀通常在三歲前出現，並會持續至成年階段。一般在12 至 30 個月徵狀會變得明顯，部分會出現語言功能退化。其實，正常與不正常只是區隔一線，而且是一種數字上的統計概念。相反，孩子的問題未能符合該標準，他們卻未能得到幫助。可惜的是，大多數的父母，對造成他們孩子問題的原因並沒有清楚的認識。他們並不知道孩子哪裡出了問題及為什麼會出現那樣的行為表現。

從脊醫腦神經科（Chiropractic Neurology）解讀 ASD

　　脊醫腦神經科是脊骨神經科的其中一個專科範疇。這個專科

範疇是根據神經系統功能障礙及腦部功能運作為基礎，因為許多問題的根源只是「腦部功能不協調」（Functional Disconnection Syndrome），即左右大腦和小腦沒有均衡發展，左右腦各區域缺乏同步性，腦區域功能無法保持協調，妨礙分配和整合資訊的能力，因而引致問題的出現。每一種發展問題都是很複雜的，往往涉及腦部不同的區域。此專科是透過檢測神經系統、腦部功能和原始反射，而作出評估和治療。

患有 ASD 是大腦之間功能性失聯，明顯徵狀不一，是因為涉及不同腦區域的影響性和嚴重性有關。根源是神經系統發展不好，一般涉及腦幹、大腦及小腦功能上發展的問題。

腦幹問題：反射動作是源於腦幹和脊髓的較低階處理程序，並不受意識所控制。（詳情可看文章：發展遲緩：未爬先走，未必好事？）臨床經驗中，發現患有 ASD 有某些反射動作仍未完全整合，使到大腦各區域發展不協調。如驚嚇反射：出現情緒化、易分心、怕陌生環境，對光、聲音、味覺、觸覺、嗅覺等刺激會出現過敏。巴賓斯反射／足底反射：影響走路姿勢、行動遲緩、平衡力差、保護自己避免跌倒的能力不佳、肌肉張力差、調節姿勢或動作控制能力不太好。脊柱格蘭特反射：不能安坐、坐著常常扭動身體、背脊敏感、不喜被觸摸、不喜歡穿著緊身衣物、也與尿床有關。張口反射和足跖反射：影響發音和小肌肉運動能力。抓握反射：影響手指部位的精細動作。對稱性頸緊張反射：影響肌肉張力差、坐姿不正確，無法安坐、集中力和注意力不足。

大腦問題：左右腦有不同的功能，並不是平衡方式發展，兩歲前主要是右腦發展為主。右腦功能：大肌肉、理解及表達能力、專注力、社交、探索周圍事物、接受新事物、控制衝動、同理心、同

情心、非語言表達、情緒智商、適應及接受新環境／事物、交感神經系統。臨床經驗中，ASD 患者大部分右腦發展不佳，大腦之間出現功能性失聯，便會出現社交、溝通及語言障礙，以及狹隘興趣等行為特徵，也會出現其他行為特徵：感知體驗異常、對特定的聲音、光線、氣味、味道、或觸摸的反應過敏或冷漠、對某種刺激異常愛好、自我傷害行為及情緒表現異常。（詳情可看文章：孩子坐不定？不專心？）

小腦問題：主要負責動作、平衡及姿勢。他們明顯兩側協調不好、平衡力差、保護自己避免跌倒的能力不佳、肌肉張力差、調節姿勢或動作控制能力不太好等。

從問題根源改善，能讓大腦發揮適當的功能，再經由強化較差的腦區域，使左右腦回復正常及同步功能，問題便會改善或解決。脊醫腦神經科治療是根據「神經可塑性」的理論，給予腦部神經元適當的刺激，不用任何藥物治療，以神經系統入手：視覺、聽覺、味覺、嗅覺、觸覺、本體感覺、平衡大腦運動、整合兒童原始反射等，從而改善神經系統功能障礙及平衡大小腦功能。其實，不同症狀均源自相同問題，根源是腦部，這便是「治本」（Brain-based Approach）的理念。修正問題的方法就是解決不協調的現象，令大腦能同步運作，並非治療症狀。家長宜多細心觀察嬰幼兒的行為，例如：對自己慣常被呼喚的名字沒反應、不喜歡或抗拒玩遮臉／躲藏的遊戲、12 個月大時還沒出現喃語、手勢（指著、揮手再見）、16 個月大時不會說單字、兩歲大沒有自發性的兩個字的簡單句（不是仿說）、任何年齡出現任何語言或社會技能的喪失等，如有以上問題便需要立刻做神經系統檢測。

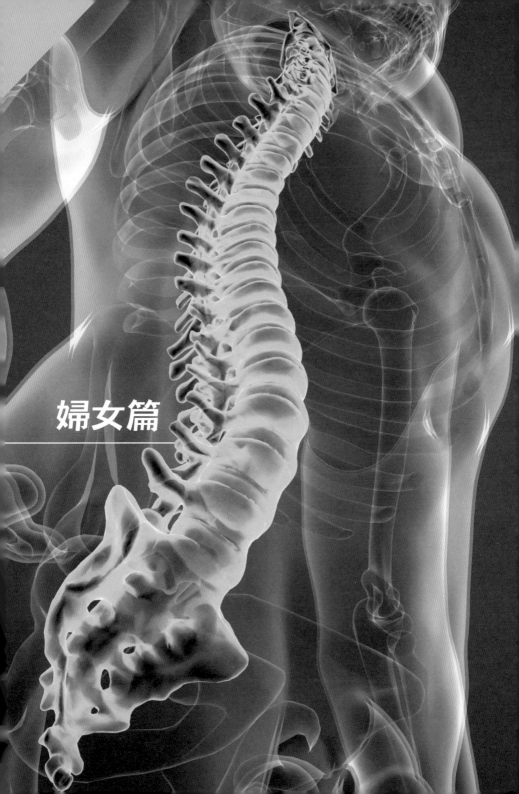

婦女篇

劉大一
脊骨神經科醫生
美國帕默脊骨神經醫學院醫學博士
香港註冊脊醫

蹺腳是孕婦腰痛的元兇？

患者小檔案

年齡：38 歲

性別：女

職業：銀行中層管理人員

病徵：懷孕三個月時，只是久坐或久站後才有輕微腰痛，後來腰痛
　　　情況加劇，坐下或站起時都感到非常吃力，有時更要在丈夫
　　　協助下才能轉身起床

確診：盆骨錯位

　　38 歲的張小姐在銀行任職中層管理人員，在懷孕三個月時已
開始出現腰痛問題，但當時只是久坐或久站後才有輕微痛楚。隨著
踏入懷孕的第四個月，腰痛情況加劇，坐下或站起時都感到非常吃
力，有時更要在丈夫協助下才能轉身起床，於是主動求醫，才發現
盆骨出現錯位情況。

161

長時間蹺腳致盆骨錯位

現代女性生活及工作忙碌，時常會忽略正確坐姿和工作姿勢的重要性。很多女性都有蹺腳的壞習慣，尤其是上班族，長時間在辦公室坐著工作，當轉換姿勢時很多時不期然就會蹺腳，一旦養成了蹺腳的壞習慣，便很難改正過來，影響脊骨健康。長時間蹺腳會使上半身和下半身重心偏離原本的垂直線上，亦會令左右兩邊肌肉承受不平均的壓力，腰椎亦會向一旁彎曲，有機會導致腰椎和盆骨錯位。盆骨錯位可能會使脊椎附近的神經線受到過多壓力，容易造成腰背痛等問題。

而懷孕時劇增的荷爾蒙分泌會使孕婦的盆骨韌帶鬆弛，關節的支撐力亦會因而減弱，令盆骨及脊椎的穩定性下降，因而容易引起腰痛。而且當胎兒的重量增加，孕婦為了要平衡身體，重心會不自覺地向前移，時間久了亦會產生腰痠背痛的症狀。

孕婦本身有盆骨錯位 有機會胎位不正

如本身有盆骨錯位的孕婦，懷孕時錯位的情況會因而加劇。此類孕婦會比一般孕婦更早有腰痛問題，情況容易惡化和會持續一段長時間。加上逐漸變大的胎兒會令孕婦體重增加，額外的重量會令孕婦的腰背肌肉、盆腔及腰椎承受過大的壓力，使神經線受壓情況更嚴重。她們坐下或站起來的時候常會感到吃力，而且容易感到疲憊。如子宮受到錯位盆骨的壓迫，更會使胎兒的發展空間減少，嚴重者更有機會影響胎兒位置，令胎位不正。

孕婦懷孕期間的腰背痛，脊醫一般可用輕微的手法治療糾正盆骨位置，減低壓力，這樣便可大大改善及紓緩腰痛等問題。如懷疑自己患有盆骨錯位的女性，應儘早求診作全面的脊骨檢查，以便及早發現問題及進行適當的治療。

懶人包：平日養成運動習慣 減懷孕腰背痛機會

若要減低於懷孕期間引起腰背痛的機會，婦女不妨留意以下三點：

1. 建議孕婦或有生育計劃的女姓，平日應養成做適量運動的習慣，使腰背保持足夠的肌肉量。
2. 孕婦懷孕期間更加要留意日常姿勢，避免彎腰駝背、蹲下或拿重物等，減少腰部負擔。
3. 孕婦應保持良好坐姿，坐著時腰背應保持挺直，而且要緊靠椅背，座椅亦應調校至適合自己的高度。此外，每隔一段時間應要調整一下姿勢，以及做一些輕度的伸展運動來促進血液循環，有助減輕久坐或久站的肌肉緊繃和疼痛。

吳霈慈
脊骨神經科醫生
美國加州克里夫蘭脊骨神經醫學院脊科醫學博士
兒童脊醫證書（CACCP）
香港註冊脊醫

脊骨健康對懷孕的重要性

　　要成功懷孕，男女雙方都有責，精子質素和數量受年齡、生活習慣好壞和脊骨神經系統是否運作良好影響。當第十二節胸椎神經和第三節腰椎神經受壓，便會影響男女生殖系統功能及精子和卵子的健康程度，若再加上盆骨或尾龍骨等有錯位情況以致出現不平衡時，更會導致連接子宮和盆骨、尾龍骨的韌帶出現前後、左右不平衡，令子宮偏離正常體位，降低成功受孕機會，亦會增加經痛和經期失調的機會。

　　在我回香港執業的這十數年間，有為數不少的孕婦和準備懷孕的女性到來接受定期檢查和矯正，但她們都是外國人或國外回來的，鮮有本港沒有痛症的孕媽媽或準媽媽到臨。從婦科專科脊醫角度來說，本人強烈建議：婦女應在準備懷孕之前，先讓自己的脊骨處於最佳狀態，調整好盆骨，才迎接新生命的來臨。為何有這樣的建議呢？原因是很多很細微的脊骨問題，或是一般人視為正常現象的症狀，除了會影響受孕成功率，還會對於日後懷孕時肚內胎兒的成長和發育造成影響。

　　懷孕對子宮來說到底是怎麼一回事？簡單來說，子宮是一間將會有胎兒入住附帶胎盤的狹小濕潤房間，當胎兒長到一定時間和大

小，便是時候出來，而當這情況出現在妳身上，妳必會大叫，因成長了的胎兒是從一個很小的門口擠出來。

想 BB 住劏房還是豪宅？這完全取決於孕者本人，當備孕婦女本身的盆腔因長期姿勢不良如翹腳、有腰椎側彎或曾經受過各種程度的撞擊意外等情況時，因子宮位處盆腔中間由不同的韌帶連接盆腔，而這些盆骨錯位、前傾、後傾或盆腔旋轉、髖關節錯位，都會令盆骨底肌肉和連接子宮的韌帶左右鬆緊度失平衡，從而影響子宮體位，使胎兒處於不正常體位，同時 BB 在媽媽肚子裡的空間亦會因而被擠縮，就像住劏房，有機會讓 BB 無法轉動至最適合出生的位置，因而導致胎位不正，間接令孕婦在生產時帶來更多困難，影響分娩容易度，於出生後也會引發其他嬰幼兒脊骨問題。另外，BB日漸在媽媽肚子裡長大，對媽媽已受傷的脊骨和盆骨的負擔亦相對加重。

定期矯正脊骨和盆腔能減輕它們的壓力，令盆腔和子宮可盡量保持在最佳體位，BB 住豪宅，空間足夠，轉身容易，繼而擁有更好的胎位。

懷孕本已令頸椎弧度相對減少，胸椎腰椎弧度相對增加，更容易壓住頸椎胸椎和腰椎神經線，因而引致媽媽產生不同程度的頸背腰痛、腳麻痺或抽筋等情況。懷孕時孕婦必須隨著肚子增大去調整自身姿勢，頭抬高些，肩往後拉，挺胸提背，每天做適量適當運動鍛煉肌肉，尤其是盆腔肌肉，才能避免盆腔過度前傾，令胎兒保持在最佳體位，確保胎兒能吸取足夠營養以供其成長發育所需；鍛煉盆腔底肌肉可輔助分娩，減少懷孕後期容易失禁的問題；多做梨狀肌伸展，可減少坐骨神經痛的機率和程度。

現時在香港，很多準新郎新娘都會做各種婚前身體檢查，為「製造」下一代做好準備，但當中並沒有「準媽媽準爸爸脊骨檢查」一項，因此我極度贊成把「準媽媽脊骨檢查」加入婚前身體檢查，確保脊骨是在最佳狀態下去迎接新生命的到來。

馮顯聲
脊骨神經科醫生
美國彭瑪脊科醫學院醫學博士
香港註冊脊醫

脊醫也能幫助經痛相關問題嗎？

　　相信不少女士都遇到經痛的困擾，有一些病人甚至會有一兩天難以起床或者在街上忽然暈倒。這有可能是與脊椎健康息息相關。有些人會問我有什麼方法可以幫到她們紓緩經痛，以下我會以脊醫的角度講解如何幫助這類病人。

　　經痛（Dysmenorrhea）可分為兩大類：1）原發性和2）繼發性。第一類原發性痛經是指沒有生殖器官實質上的病變，一般認為是分泌失調的結果。原發性經痛病徵通常會有腹部痙攣、下腹疼痛、大腿內側或合併腰痛、噁心、嘔吐及腹瀉等，通常發生於月經來潮的第一和二天。第二類繼發性痛經是有關盆腔病變，如子宮內膜異位症、卵巢癌等。因為篇幅有限，本文會集中討論原發性經痛的處理方法。

　　原發性經痛紓緩方法通常包括熱敷、休息、腹部按摩或運動，但也有一些病人試過以上方法都無法紓緩而尋求脊醫幫助。脊醫如要處理經痛引起的不適，例如腰痛和肚痛，通常會首先紓緩腰椎兩旁繃緊的肌肉和調整錯了位的脊骨。

　　有些病人會感好奇，為何調整脊骨可以紓緩經痛帶來的不適？

最近一份醫學報告發表於 2020 年 3 月份《International Journal of Physiotherapy and Research》醫學期刊「Effect of lumbar manipulation of menstrual distress」譯：腰骨調整功效與經痛困擾。報告尋找了 35 位年齡介乎 18 至 40 歲有經痛困擾的病人作調查。35 位病人接受調整前經痛痛楚指數（Menstrual Distress Questionnaire）為 109.09；調整後減少到 86.22。腰痛指標（Numerical Pain Rating Scale）由 5.68 減到 3.08；頭痛由 3.42 減到 1.19；腹部不適由 6.11 減到 3.34。

所以研究指出調整脊骨可以減少女性患者因經期帶來的各種不適。雖然大多數研究報告都缺乏大量受試者和長時間追蹤，但對於長期受經痛困擾的患者而言，調整脊骨確實是一個值得一試的方法。

吳霈慈
脊骨神經科醫生
美國加州克里夫蘭脊骨神經醫學院脊科醫學博士
兒童脊醫證書（CACCP）
香港註冊脊醫

孕婦定期接受婦科脊醫檢查有助調整胎位　令分娩更容易和順利

　　在懷孕初期，即首三個月，孕婦普遍都會出現目眩、嘔吐及頭暈等現象，特別是頭一胎及本身體質較差的孕婦。亦有很多孕婦在懷孕初期經常感到怠倦、四肢乏力及終日只想睡覺卻總是睡不好。除影響生活質素外，更連帶影響睡眠質素、飲食及消化功能，亦會影響孕婦的心理及身體健康，更會影響胎盤形成位置的好壞，從而影響嬰兒出生過程的容易度，以及影響胎兒早期腦部及脊髓的發育，當中某些更會對小孩長遠成長有深遠影響。很多孕婦或許認為無須理會，但其實透過頸椎矯正，以上提及的各種現象皆能逐步減輕乃至消除。孕婦懷的是頭一胎或體質較差並不代表要接受這些看似「正常」的折磨，只要積極面對，也能輕鬆愉快地度過初期懷孕的歲月。

　　進入懷孕中期，即四至七個月，隨著體內荷爾蒙水平的轉變，孕婦的身體亦會隨著胎兒長大而逐步改變。當胎兒體積慢慢增加，孕婦原來的腰椎生理弧度須增加以抵消胎兒重量對脊椎的負荷，卻會引致不同程度的腰背痛。此時，胎兒體內主要器官逐步成長，主要維生系統如循環系統、神經系統和呼吸系統等會在這四個月內逐漸形成。此時期胎兒從胎盤所吸收的營養充足與否將直接影響其成長速度及好壞，絕對不容忽視。

胎盤位置在子宮的上壁至後壁為佳，若前置則較差，越接近子宮頸越差，影響生產過程甚或引致流產；而吸煙者、曾流產、年齡小於 20 歲或高齡孕婦都較易出現胎盤前置的情況。胎盤位置早在懷孕初期已被決定，無法改變，但子宮在盆腔內的位置也會影響胎兒從胎盤吸收營養及換氧的能力，透過脊醫矯正錯位的盆骨和尾龍骨，改善子宮位置，從而促進胎兒從胎盤吸收營養的能力，更能減低孕婦的腰背痛。研究[1] 顯示它能幫助盆腔底部肌肉放鬆，但只對孕婦有效，沒懷孕者則沒有任何放鬆跡象。研究結果指出定期的脊骨矯正對孕婦自然分娩過程有幫助，變得更容易和順利。

進入懷孕後期，即八至十個月，胎兒在母體內的發育已大致完成，亦開始轉動身體至頭下腳上為出生作準備。而孕婦原來的腰椎生理弧度已增加至以圖抵消胎兒重量對脊椎的負荷，但懷孕中期不同程度的腰背痛卻不一定逐步減退，尤其是胎位低和較重的會令恥骨較受壓，更容易出現痛楚。而此階段亦是最後機會為孕婦作出脊椎矯正，務求為某些體重或成長速度並不理想的胎兒提供更多營養，在僅餘的孕期追回理想的體重或成長速度；以及為那些胎兒還沒有成功轉身而繼續維持頭上腳下（Breech Baby），胎兒橫躺在子宮內或出現胎兒背向尾龍骨情況的孕婦作出最後矯正。

子宮由八條韌帶固定在盆腔內，婦科脊醫會比較注重子宮圓韌帶（Round Ligament），因與錯位的盆骨和尾龍骨同一邊的子宮圓韌帶會出現過度繃緊的情形，影響子宮在盆腔內的位置，透過 Webster Technique 檢查及矯正錯位的盆骨和尾龍骨，調整子宮圓韌帶的鬆緊度以確保子宮維持稍微向前傾斜彎曲的位置，從而令胎兒能盡快回復正常體位。從過往經驗得知，從懷孕初期開始每月定期

---

1 Effect of Spinal Manipulation on Pelvic Floor Functional Changes in Pregnant and Nonpregnant Women: A Preliminary Study - Journal of Manipulative & Physiological Therapeutics (jmptonline. org)

進檢查的孕婦不論胎兒發育、轉身速度、分娩過程都較為順利，對孕婦本身健康亦較好。

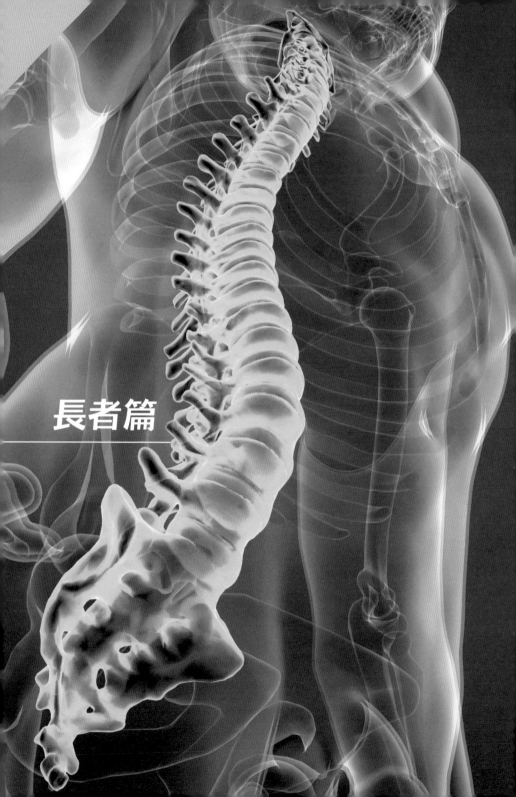

長者篇

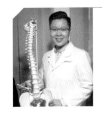

李嘉瑜
脊骨神經科醫生
美國彭瑪脊科醫學院醫學博士
香港註冊脊醫

骨質疏鬆全面睇

　　骨質疏鬆症對大多數人而言，可能只是聯想到與年老退化相關。事實上，不論男女，隨著年紀增長，約在 30 歲以後，骨質就會開始以每年約 0.5 至 1% 的速度流失，尤其女性在停經以後，流失的速度會更快，約為 2 至 3%。醫學上，「骨質疏鬆」是指骨骼中之骨質與及骨質細胞逐漸減少而導致骨質密度減低。

　　據國際骨質疏鬆基金會的調查，80% 患有骨質疏鬆症的女性，在確診前並不知患有此病，因為這病毫無先兆和症狀。很多時候只是脊骨骨折時才知道患有骨質疏鬆。

　　根據世界衞生組織定義，正常骨質密度 T 值為 -1.0 以上，介乎 -1.0 至 -2.5 為骨質缺乏，-2.5 以下已屬骨質疏鬆症；-2.5 分以下並曾出現骨折患者則屬嚴重骨質疏鬆。

　　很多人以為骨質疏鬆症只影響老人家。其實，它亦可累及其他年齡層。骨質密度在 25 歲時為最高，其後慢慢流失。情況就如年青時儲錢在銀行，沒有利息，只有支出。如果年青時，儲多一點，晚年就會好過一點。骨質密度也一樣。一些人在知道骨質疏鬆時，才補充鈣和維他命 D，殊不知盲目地補充鈣會增加心血管毛病的風險，又有不同的研究顯示低脂的膳食增加骨質疏鬆的風險。

要預防骨質疏鬆，不可臨急抱佛腳，單靠臨老才食

鈣片是不行的，必須由細到大攝取足夠鈣質及營養，改善不良的生活習慣，還要認知自己是否患骨質疏鬆高風險一族，以及定期檢查骨質密度。

高風險一族：

⚠ 寒背變矮：4、50歲開始寒背變矮，可能是骨質密度減低的警號。

⚠ 停經婦女：停經後，原本抑制破骨細胞的雌激素急劇減少，加速鈣流失，必須每一兩年檢查骨質。

⚠ 乳癌病人：乳癌病人所服食的藥物是用來抑制女性荷爾蒙，會加速鈣流失。

⚠ 服食類固醇：類固醇會令鈣流失。

⚠ 體型瘦小：骨頭受力越多就會越硬，若體型瘦小，身體負重不需要太多，骨頭便無須太硬，相對容易較脆弱。

⚠ 素食者：人體需要維他命D促進鈣的吸收，而維他命D的來源分別是：曬太陽製造維他命D3、進食魚類吸收維他命D3，以及進食菇類吸收維他命D2。而D3的功效較D2為高，但素食者從膳食只能吸收D2。至於曬太陽製造維他命D3的過程中，需要合成體內的膽固醇，而膽固醇是一種脂肪類的物質，素食者的膽固醇普遍偏低，因此亦令曬太陽製造D3的功效打了折扣。若果是全素食者，不進食雞蛋、奶製品及魚等蘊含豐富鈣質的食物，就必須多進食其他含鈣的食物（如深綠色蔬菜）和含D2的菇類，否則鈣與D2的攝取量都會不足。

骨質疏鬆症常見症狀：

- 沒有症狀或疼痛
- 腰背痛
- 身高變矮及駝背
- 關節或脊椎變形（如脊柱側彎）
- 骨折

預防骨質疏鬆症，可從兩方面來著手：

- 預存骨本：年輕時要多吃含鈣的食物，在骨鈣堆積完成之前要存到一定的骨量。
  高鈣食物：例如白飯魚、櫻花蝦、黑芝麻、豆腐及深綠色蔬菜如熟西蘭花等。

  ### 每天補充

  1. 鈣劑：（50 歲以上或更年期婦女一天需攝取 1,200 毫克，其他成年人亦需攝取 1,000 毫克）一次補充鈣不宜超過 600 毫克，每日不超過 1,500 毫克，服用時不宜與含有植物酸的食物、可樂、菠菜、麵包及麥片食用。
  2. 維生素 D3：成年人每天需攝取 600IU 的維他命 D3，維生素 D 可調節鈣磷平衡，有助鈣質吸收，達到防治骨質疏鬆的效果。
  3. 鎂：協同鈣與維生素 D 的利用。
  4. 維他命 K2，需 45 毫克，引導鈣質進行護骨化合作用，避免鈣質過分沉積血管，出現血管硬化或膽腎結石等不良副作用。

- 減少骨鈣流失：一旦骨鈣堆積完成後，就開始要避免流失，使骨鈣維持一定的密度，年老時才不會容易罹患骨質疏鬆症。

如何預防骨質疏鬆或減緩骨質疏鬆？

- 均衡飲食、鈣質補充、高鈣食物及戒除不良飲食習慣；
- 適量的戶外運動，如曬太陽，有助活性維他命 D 的轉化，可增加骨質量的儲存；
- 適度的負重運動，如半蹲（坐無影凳）及站立式原地踏步，如能力許可，可試緩步跑及跳繩等；
- 多做平衡訓練，可減低跌倒機會和強化下肢骨質的密度，如原地提腳跟、雙腳開合、單腿上舉或側舉；
- 太極拳和社交舞，有效增強平衡力，當中要求眼部和手部、身體和腳部的協調活動，講求身體移動時的平衡，上身前傾和側傾的能力及身軀轉動時的控制能力；
- 背部肌肉強化運動，如橋式，可令脊柱堅固強壯，減低駝背現象。

骨質疏鬆症是一個無聲的殺手，患者往往逐漸變得寒背或變矮，卻不知道這就是骨質疏鬆的先兆。

最近有幾位患者來求診，起初都是以為自己因搬重物或彎腰執拾的時候扭傷了腰骨，聽到脊骨「啪」的一聲，疼痛難耐。醫生透過 X 光檢查後，發現患者的脊椎已經出現壓縮性骨折，需要休養一段時間，讓身體修補骨折的位置。

鑒此，定期的脊骨檢查和骨質密度檢查，可以令大眾了解自己脊骨的狀況，以作出合適的治療及護理，維持脊骨健康。

黎偉鴻
脊骨神經科醫生
澳洲皇家墨爾本理工大學脊醫學碩士
香港註冊脊醫

寒背

　　脊骨令我們身體挺直，但受到先天及／或後天各種不良的影響，脊骨會產生一些異常大的弧度，令上背部形成拱起的狀態，這個情況叫做寒背。寒背就是胸椎彎曲比正常多，特別是上胸椎部分，形成一個駝背。寒背主要由兩種情況形成：姿態性和結構性。

　　姿態性寒背主要是因為小朋友或成年人的不良姿勢引致。當人類行走或坐的時候姿勢形成一個駝背狀態，就會逐漸演變成寒背，甚至會導致痛症。而結構性寒背，例如脊柱後凸症（Scheuermann's Disease）及退化性寒背（Degenerative Kyphosis）等，通常會引致更嚴重的結構問題，當寒背病人求醫時，脊醫通常會進行問症、觸診，甚至 X 光檢查，從而找出脊骨的狀態和弧度，然後會為病人制定治療方案。

脊醫能夠處理兒童寒背嗎？

　　這問題主要是取決於家長有沒有及時帶小朋友處理寒背問題。如果寒背問題發生已久，沒有得到適當治療，隨著年齡增長，寒背問題會越趨嚴重。脊醫通過矯正脊骨錯位，以非手術非藥物的方法去改善寒背問題。

一個 16 歲的男孩，有長期的腰背痛和頭痛。X 光檢查顯示他有嚴重寒背，頭部向前傾（Forward Head Posture）。脊醫用處理脊骨錯位的手法，加上適當的運動和牽引治療去幫助這男孩。經過 14 個星期共 35 次治療後，X 光檢查顯示出脊骨排列和姿勢上有極大改善，胸椎弧度及頭部向前傾幅度也減少了，而且腰背痛和頭痛得到紓緩。

檢查

這個男孩向脊醫形容痛楚是持續 24 小時發生的，移動身體時痛楚會加劇。病人的父母形容他的姿態十分可怕，有嚴重的寒背、脊骨是僵硬和缺乏彈性。脊醫檢查病人脊椎時發現腰部肌肉十分繃緊，頸椎的活動幅度十分少，而且有嚴重拉扯的感覺。脊醫之後建議病人去照正面和側面 X 光，發現病人有嚴重頭部向前傾，頸椎第二節對比頸椎第七節前傾了 35.9mm（正常是少於 15mm），胸椎的弧度是 68.7 度（正常是 44 度）。當脊醫仔細研究 X 光片時，發現病人有幾節胸椎前端形成三角形並且有塌陷的狀態。

治療

1. 在 14 個星期內，脊醫對病人進行密集式的脊骨錯位矯正，每星期三次；
2. 病人平躺在治療床上，由脊醫透過專業器械為病人進行脊骨牽引，去改善頭部位置和寒背的情況；
3. 之後病人每天要在家進行四種改善寒背的運動，包括運用橡筋帶強化過弱的肌肉和進行伸展運動令繃緊的肌肉放鬆，每種運動做一分鐘。

結果

　　14 個星期之後，病人的腰背痛和頭痛大幅減少，只是久坐時仍會有輕微腰痛。之後，病人再進行 X 光檢查，脊醫發現病人頭部向前傾減少到 17.9mm，胸椎弧度減少到 50.4 度。

總結

　　脊骨錯位和脊骨排列不挺直是十分普遍的問題，還會常常引致痛症。當寒背經過年月的洗禮，還會影響病人的生活質素和健康，我在此建議所有病人及家長：早治療免惡化。上述病例顯示出脊醫採用手法矯正脊骨錯位，是處理脊骨排列問題（例如脊椎側彎、高低膊及寒背）為有效的治療方法，從而減少痛症和改善生活質素和姿勢。

Health 064

脊醫的
護脊指南

書名： 脊醫的護脊指南——從護脊入手終結痛症
作者： 香港執業脊醫協會
編輯： Angie Au
設計： 4res
出版： 紅出版（青森文化）
地址：香港灣仔道133號卓凌中心11樓
出版計劃查詢電話：(852) 2540 7517
電郵：editor@red-publish.com
網址：http://www.red-publish.com
香港總經銷：聯合新零售（香港）有限公司
台灣總經銷：貿騰發賣股份有限公司
地址：新北市中和區立德街136 號6 樓
電話：(866) 2-8227-5988
網址：http://www.namode.com

出版日期： 2023年5月
圖書分類： 醫藥衛生
ISBN： 978-988-8822-51-5
定價： 港幣98元正／新台幣390圓正